装备科技译著出版基金

无线电频谱管理
——国家和国际层面的无线电频谱管理
（第2版）

RF Spectrum Management:
An Introduction to the Radio Frequency Spectrum Management at
National and International Levels

（2nd Edition）

[美]桑德拉·克鲁兹-波尔（Sandra Cruz-Pol）著
王洪锋、陶雪娇、方继承、谢绍丽、程粉红、任兆瑞、
张 弛、丛雨晨、金铁铭 译
程粉红 审校

国防工业出版社

·北京·

内 容 简 介

本书系统介绍了国家和国际层面的无线电频谱管理技术，涵盖了频谱管理背后的科学和政策以及频谱管理的实施过程，内容包括无线电传输链路预算、有源和无源射频传感器、天线基础知识、国际上和美国国家无线电管理机构、世界无线电通信大会议程、无源和卫星业务面临的频谱挑战，以及频谱共享和冲突消解技术等。

本书可供无线电频率管理人员在开展国家和国际层面的频谱管理技术研究、频率管理政策制定、实施国际电联相关工作时阅读参考。

著作权合同登记　图字：01-2022-6242 号

图书在版编目（CIP）数据

无线电频谱管理：国家和国际层面的无线电频谱管理：第 2 版 /（美）桑德拉·克鲁兹-波尔（Sandra Cruz-Pol）著；王洪锋等译. —北京：国防工业出版社，2024.6
书名原文：RF Spectrum Management：An Introduction to the Radio Frequency Spectrum Management at National and International Levels（2nd Edition）
ISBN 978-7-118-13182-6

Ⅰ. ①无… Ⅱ. ①桑… ②王… Ⅲ. ①无线电技术—频谱—无线电管理—研究 Ⅳ. ①TN014

中国国家版本馆 CIP 数据核字（2024）第 064353 号

©2019 Sandra Cruz-Pol
Originally published in June 2019 in the United States of America by Amazon.com

※

国防工业出版社出版发行
（北京市海淀区紫竹院南路 23 号　邮政编码 100048）
三河市天利华印刷装订有限公司印刷
新华书店经售

＊

开本 710×1000　1/16　插页 3　印张 12¾　字数 222 千字
2024 年 6 月第 1 版第 1 次印刷　印数 1—1400 册　定价 98.00 元

（本书如有印装错误，我社负责调换）

国防书店：(010)88540777　　书店传真：(010)88540776
发行业务：(010)88540717　　发行传真：(010)88540762

译 者 序

无线电频谱资源作为信息传输的重要载体,在促进经济社会发展、维护国家安全等方面发挥着极为重要的作用。无线电技术的飞速发展、用频设备的大量应用、对频谱资源的需求大幅增长、频谱资源的有限性使得供需矛盾日益突出。基于无线电通信原理和国际规则的频谱管理手段是提高频谱效率、协调消解用频冲突的重要手段,日益得到各国政府和无线电设备制造商、运营商的高度重视。

2019 年美国频率管理专家、美国国家科学基金会(NSF)无线电频率委员会委员 Sandra Cruz-Pol 撰写出版了 *RF Spectrum Management ——An Introduction to the Radio Frequency Spectrum Management at National and International Levels* 一书,重点围绕与国际无线电频率轨道资源管理相关技术展开论述,特别是围绕国家和国际层面无线电频谱管理工作,从专业背景知识、美国和国际电联层面开展的频谱管理工作、卫星业务频谱管理、无源业务频谱管理等方面进行了深入论述,并给出了详细的分析示例,对于我国开展相关领域研究和实践提供了参考。

基于此,在装备科技译著出版基金的大力支持下,由王洪锋牵头组织开展了全书的翻译工作,以期让更多的国内同行了解国家和国际层面无线电频谱管理工作程序,为我国无线电频谱管理工作创新发展和国际合作提供借鉴。

全书正文共 13 章,其中第 1 章至第 5 章以及前言、目录、缩略语等部分由王洪锋翻译,第 6 章由谢绍丽翻译,第 7 章由程粉红翻译,第 8 章由任兆瑞、张弛翻译,第 9 章由丛雨晨、金铁铭翻译,第 10 章、第 11 章由陶雪娇翻译,第 12 章、第 13 章由方继承翻译。王洪锋负责全书的统稿工作。

在此特别感谢国防工业出版社辛俊颖编辑、冯晨编辑对本书编辑出版所做的大量工作。感谢程粉红研究员对全书的审校工作。感谢李伟审在翻译过程中提供的咨询。囿于译者专业基础和翻译水平,文中难免有错漏或不当之处,还请广大读者和同行谅解并指正。

译 者
2023 年 12 月

致　　谢

我要感谢那些将我带入无线电频谱管理领域的领路人，首先我要感谢 Steve Reising 先生，我从他那里接触到美国国家科学院无线电频率委员会（CORF）的相关工作。我还要感谢美国国家科学基金会（NSF）允许我在轮岗期间担任频谱主任，并成为国际电信联盟（ITU）美国代表团的成员。

对我来说非常重要的人是我在美国国家科学基金会的导师 Tom Gergely，他带领我参加了在日内瓦举行的国际电联会议，以及美国国家电信和信息管理局（NTIA）举行的相关会议。我要感谢 2010 年以来无线电频率委员会邀请我成为其委员会成员，从而了解到无线电法规对科学和工程应用的影响。我也非常感谢 Paolo de Matthaeis 和 Hayo Hase，他们为本书提供了宝贵的反馈意见。

最后，我要感谢波多黎各大学马亚圭分校允许我开设并教授无线电频谱管理课程，在此基础上我编写了本书。

谢谢你们！

"无线电将彻底改变世界"……"我们现在想要做的是使全球所有人之间、社区之间能更加紧密地联系和更好地理解，并消除那些易于使世界陷入原始野蛮与冲突的利己主义和骄傲。……和平只能作为普遍启蒙的自然结果而出现……

——尼古拉·特斯拉　1934 年 7 月

前　言

　　对无线电频谱不断增长的需求，正在改变国家和国际层面的现行无线电法规。随着移动通信以及依赖无线电频谱使用的众多其他技术的快速发展，近年来所有美国联邦机构和行业部门对频谱管理专业人员的需求大幅增长，并且这种趋势将持续下去。越来越多的设备，例如真空吸尘器、割草机、婴儿监视器、物联网设备和移动应用程序，都依赖无线电频谱的可用性来运行。由于射频干扰，使得飞机导航系统、气象雷达、地球探测卫星和许多无线应用设备采集的数据变得无法使用。

　　本书介绍了国家和国际层面的无线电频谱管理过程，旨在维护众多应用之间公平共享频谱以造福社会，以增进对于频谱管理的技术、经济、法规和政治等方面的全面理解。

目 录

第1章 无线电频谱管理简介 ··· 1
  1.1 定义与作用 ··· 2
  1.2 经济效益 ·· 6
    1.2.1 美国总统备忘录 ··· 7
    1.2.2 FCC 频谱拍卖 ··· 8
第2章 基本概念和缩略语 ··· 9
  2.1 全球移动通信系统 ··· 12
  2.2 无需授权的国家信息基础设施 ··· 12
    2.2.1 C 频段的"非无需授权"U-NII ··· 13
    2.2.2 S 频段的"非无需授权"U-NII ··· 14
    2.2.3 保护带 ·· 15
    2.2.4 工业、科学和医疗(ISM)频段 ··· 15
    2.2.5 IEEE 802.11 标准 ··· 16
  2.3 轨道和业务 ··· 16
  2.4 无线电频谱管理相关定义 ··· 18
    2.4.1 机构 ··· 18
    2.4.2 授权和指配 ··· 20
    2.4.3 划分的类型 ··· 20
    2.4.4 杂散和带外辐射 ··· 20
    2.4.5 业务缩略语表 ·· 20
    2.4.6 美国 5GHz 频段新旧规则 ·· 22
    2.4.7 低频 ··· 22
    2.4.8 电磁兼容性 ··· 23

第3章 大气衰减影响 24
3.1 无线电波传播 24
3.1.1 传播路径 25
3.2 大气衰减 25
3.2.1 雨衰 26
3.2.2 大气吸收 27
3.3 频率选择 34

第4章 天线 37
4.1 基本定义 37
4.2 天线基础概念 38
4.2.1 ITU-R 相关文件 46
4.3 天线阵 50
4.3.1 方向图乘积原理 50

第5章 链路预算和雷达方程 54
5.1 链路预算公式 54
5.1.1 地面天线与卫星间距离 56
5.1.2 极化类型 58
5.1.3 链路预算计算示例 60
5.2 雷达方程 65

第6章 有源与无源射频传感器 68
6.1 有源传感器——雷达 69
6.1.1 雷达类型 71
6.2 无源传感器——辐射计 78
6.2.1 噪声系数 78
6.2.2 辐射计类型 81
6.2.3 辐射计的不确定性原理 82
6.3 重要的 ITU 建议书 82

第7章 国际层面的管理机构 85
7.1 国际电联起源 85
7.2 全权代表大会 87

7.3	国际电联世界区域划分	87
	7.3.1 区域划分	87
	7.3.2 区域组织	88
7.4	国际电联部门	88
7.5	ITU-R 的职责使命	89
7.6	世界无线电通信大会	89
7.7	ITU-R 无线电规则	91
	7.7.1 决议与建议	92
	7.7.2 业务定义	92
7.8	ITU-R 的架构和工作程序	93
	7.8.1 ITU-R 研究组	94
	7.8.2 ITU-R 议事规则	96
	7.8.3 无线电通信全会	96
	7.8.4 无线电通信局	96
	7.8.5 无线电规则委员会	97
	7.8.6 WRC 工作周期	97
7.9	国际频率划分表	98
	7.9.1 划分类型	99
	7.9.2 国际脚注	99

第 8 章 美国国家无线电管理机构 101

8.1	美国联邦通信委员会	103
8.2	美国国家电信和信息管理局	105
	8.2.1 部门间无线电咨询委员会	106
8.3	其他相关机构	110
	8.3.1 无线电频率委员会	110
	8.3.2 遥感频率划分技术委员会	111
8.4	美国与国际间的交互	111

第 9 章 WRC 议题 114

9.1	WRC-15 议题	115
9.2	WRC-19 议题	118

         9.2.1 第五代移动通信（5G） ·· 120
         9.2.2 275GHz 以上频率 ··· 123
    9.3 WRC-23 议题 ··· 124
第 10 章 无源业务的频谱挑战 ··· 126
    10.1 无源遥感器（辐射计）的基本操作 ··· 126
    10.2 无源与有源的兼容共存 ··· 134
         10.2.1 ITU-R 关于无源遥感器的建议书 ······································ 135
    10.3 无源遥感器面临的挑战 ··· 135
第 11 章 卫星业务 ··· 136
    11.1 卫星业务 ··· 136
         11.1.1 卫星轨道类型 ·· 136
         11.1.2 卫星业务示例 ·· 139
    11.2 卫星业务许可申请和频率指配 ··· 141
    11.3 小卫星 ··· 142
         11.3.1 与纳卫星相关的国际电联文件 ·· 142
    11.4 卫星地球探测业务的射频干扰 ··· 143
         11.4.1 ITU-R 关于无源微波遥感的建议书 ···································· 145
         11.4.2 ITU-R 关于通信卫星的建议书 ·· 146
    11.5 卫星业务频谱的未来展望 ··· 146
第 12 章 频谱共享与干扰 ··· 148
    12.1 频谱共享 ··· 148
         12.1.1 射频干扰 ·· 151
    12.2 干扰缓解与消除 ··· 157
    12.3 干扰缓解技术 ··· 157
         12.3.1 ITU-R 关于射频干扰的建议书 ·· 162
    12.4 频谱管理工具 ··· 162
    12.5 频谱管理人员的任务 ··· 164
         12.5.1 联邦频谱管理人员的典型任务 ·· 165
第 13 章 射频生物学效应 ··· 167
    13.1 射频暴露对健康的影响 ··· 168

  13.1.1 ITU 与人体射频暴露有关的建议书 ·· 170
 13.2 比吸收率 ·· 174
 13.3 人体射频限值 ·· 174
  13.3.1 专用仿真人体模型 ·· 175
  13.3.2 手机警告信息 ·· 176
  13.3.3 用于射频测量的手机应用程序 ·· 176
  13.3.4 机场人体扫描仪 ·· 177
 13.4 射频暴露的新近研究 ·· 178
缩略语 ·· 180
参考文献 ·· 185

第 1 章　无线电频谱管理简介

本章介绍无线电频谱和频谱管理的定义,并阐述无线电频谱在科学研究、民用及经济领域的重要应用。

根据 2016 年版国际电信联盟(ITU)(简称"国际电联")无线电规则第 2 条第 I 节的规定,无线电频谱作为电磁频谱的一部分,频率范围为 3kHz~3000GHz。不过,最近的应用已将其频谱扩展到接近远红外(IR)频率边缘,进入到太赫兹(THz)。

人类肉眼只能观测到电磁频谱的极小一部分,即所谓的可见光区域,此外我们可以通过热感的形式感知红外线。大多数电视机等设备都有一个红外接收器,因而可以使用遥控器进行开关切换。在本书的第 3 章将讲到,夜视摄像机能够通过红外线来检测人类,因为人的体温发出的红外线频率的波比任何其他波都多。紫外线(UV)波对人类来说也是不可见的,但会伤害我们的皮肤和眼睛。X 射线和伽马射线也是如此。

无线电频率由微波和毫米波组成,主要包括调幅、调频以及更高频率的信号。但是,无线电频率不包括伽马射线、X 射线、紫外线、可见光及近红外频率(图 1.1)。

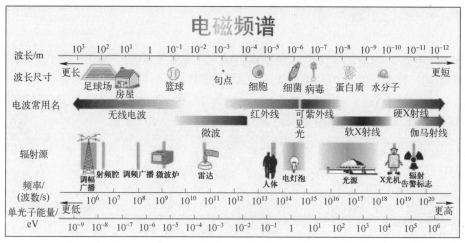

图 1.1　随频率递增的电磁频谱(以每秒周期数或赫兹(Hz)为单位)和相应递减的波长(以 m 为单位测量)。(源自:NASA)

无线电频率应用广泛,包括微波烹饪、Wi-Fi 通信、有线及卫星电视、GPS 导航、气象雷达和物联网(IoT)设备等。尽管很多时候并没有意识到,但实际上人们每天使用无线电频谱达数十次。

电磁波的周期与波长如图 1.2 所示。

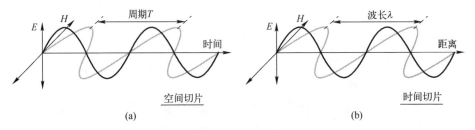

图 1.2 电磁波的周期(s)及电磁波的波长(m)

电磁波在空气中以接近光速的速度传播,即 $c \approx 3.0 \times 10^8$ m/s(相当于每小时 6.7 亿英里(mile)以上),电磁波在自由空间中的波长 λ,可通过将 c 除以频率 f 来计算(每秒周期数或赫兹(Hz))。即:

$$c = f\lambda, \text{ 或 } \lambda = c/f$$

当电磁波从空气中传播到另一种介质(如海洋、玻璃或云层)时,波长就会发生变化。然而,频率是电磁波的一种固有属性,当电磁波从空气或真空进入其他介质时,频率不会改变。我们的眼睛可以看到的最高波频的颜色是紫色,约为 770THz(在空气或自由空间中传播时,对应的波长约为 400nm)。当电磁波在自由空间以外的任何其他无损介质中传播时,传播的速度用下式计算:

$$v_{medium} = f\lambda_{medium}$$

式中:v_{medium} 为波速(传播速度);λ_{medium} 为电磁波在给定介质中的波长。与频率不同,当信号从一种介质进入另一种介质时,波速和波长会发生变化。

后续章节我们将通过一些例子,说明不同频率的电磁波是如何与自然界相互作用的,很多时候电磁波因波长的不同而适应不同的用途。

1.1 定义与作用

当我们意识到现代科技对于无线电波的依赖程度时,就很难想象如果没有它们,世界会变成什么样?如果没有基于电磁频谱的极端天气预测,图 1.3 所示的弗洛伊德飓风将造成更大的灾难。

第1章　无线电频谱管理简介

图 1.3　弗洛伊德飓风

我们每天使用无线电波进行日常活动，像查看天气预报、使用 GPS 导航、跟踪快递包裹、用手机拨打电话或发送短信、看电视、收听广播、将笔记本电脑连接到 Wi-Fi 网络、使用众多的手机应用程序等。这些活动的实现，都要归功于在没有射频干扰（RFI）或最小射频干扰的情况下，通过大气传播的无线电信号。

自动取款机（ATM）和信用卡支付也是使用无线电信号连接到互联网，并更新转账信息。邮政服务应用程序使用射频识别（RFID）技术替代条形码，用来识别邮件，二者的主要区别在于条形码信息是通过光学手段（条形码扫描仪）识别的，而 RFID 信息是通过无线电信号识别的。在测试信号中加入 RFID 标签，可以在承运人发生变化的每个特定位置跟踪邮件。

其他依赖于无线电信号的工程和科学应用还包括：农业应用的土壤湿度地形监测和火灾危险测绘；从太空进行冰期监测以绘制最佳导航路线，因为多年冰相比近期冰（1 或 2 年冰）更难冲破；海上溢油监测；用于可再生能源管理的雨和风遥感；用于帮助预测全球极端天气的厄尔尼诺事件监测；用于防止 GPS 卫星和电网中断的太阳风暴预报。在此仅列举这些。

但你是否知道：不按照无线电频率划分，未经许可设计使用特定频率的无线电发射设备是非法的？事实上，已经有人设计了一些用频设备能够完美地执行特定任务，但是当他们申请频率许可证时，发现在该频率是禁用的！这是对金钱、时间和资源的严重浪费。

家用 Wi-Fi 调制解调器可能因故障干扰机场天气雷达，这在过去就发生过。卫星电话可能会干扰太阳风暴预报和地球遥感。真空吸尘器或割草机可能会影响从太空和其他射电天文观测站接收的数据。这也就是联合国设立全球无线电信号使用管理机构的原因，详见第 7 章。

事实上，如今无线电信号已得到日益广泛的使用，如果我们的眼睛能够看到它们，可能会因为如此众多的信号存在，而无法看清前方近在咫尺的道路！因为它会被来自调幅广播、手机和难以计数的其他应用程序的电磁波所覆盖！当今无线电频谱管理者面临的一个特殊挑战在于：全球市场使得任何商品的在线订购都非常容易，甚至可以订购在美国禁止使用的无线电设备，这就极大地增加了监管的难度。

GPS 干扰器和手机干扰器就存在无线电监管的问题，它们在美国是禁止使用的，而且已经造成了严重的风险[①]，因为它们可以阻塞飞机安全导航所需的机场天气雷达信号。GPS 干扰器可插入汽车打火机直流电源插座，用于阻断 GPS 通信并在车中形成一个"噪声区"，使车辆无法被检测到。根据定义，有意干扰是"故意发射无线电信号，用噪声或虚假信息使接收机饱和，从而干扰雷达工作"。有意干扰通过阻塞信号，使其位置不被 GPS 卫星检测到，或者阻塞手机通信。但这样做会对机场天气雷达造成无线电频率干扰。这是全球化频谱管理领域面临的挑战之一（图 1.4）。

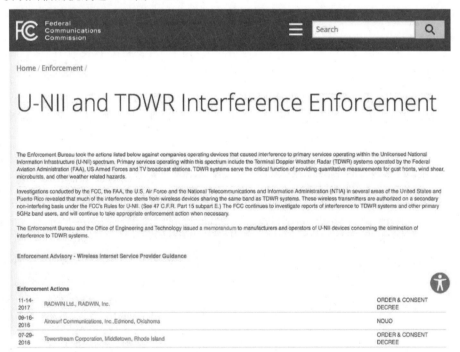

图 1.4　非法 U-NII 设备（如 Wi-Fi 路由器）对机场航站楼多普勒天气雷达（TDWR）的干扰情况（图像源于 FCC 网站）

---

① www.fcc.gov/general/jammer-enforcement.

第 1 章 无线电频谱管理简介

每个国家都有负责无线电监测和执法的机构。在美国，美国联邦通信委员会（FCC）[①]可以对任何使用非法频率发射无线电信号的个人处以罚款。每次违规罚款金额可能超过 10 万美元，并可能导致刑事起诉（包括监禁）并没收非法设备（图 1.5，图 1.6）。

在第 8 章，我们将仔细探讨 FCC 和其他频谱监管机构的职能。

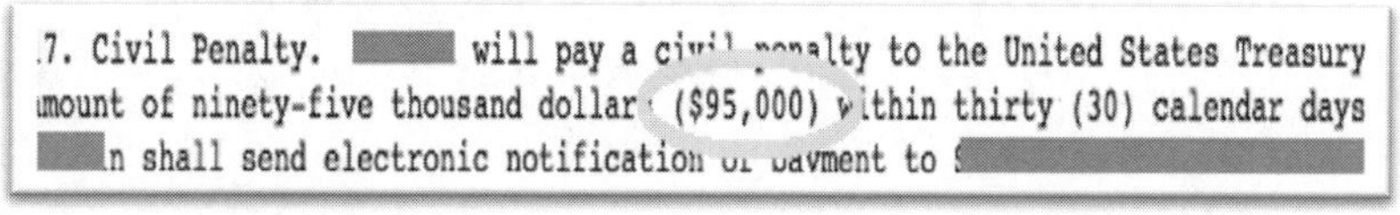

图 1.5 因非法用频而被罚款 95000 美元的案例

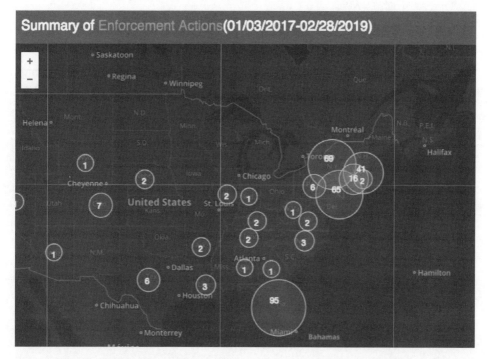

图 1.6 FCC 在美国本土开展的为期 14 个月的打击盗用无线电频率的执法行动
（详见 https:// www.fcc.gov/reports-research/maps/fcc-enforcement-actions-against pirate-radio-location，罚款金额 15000 美元至 140000 美元）

---

① www.fcc.gov/encyclopedia/weather-radar-interference-enforcement.

1）什么是频谱管理？

通过前面的应用实例可以看出，科学家和工程师们利用无线电波可以创造出很多奇迹。然而，不管这些无线电设备或仪器多么好用和昂贵，射频干扰都能够让它们毫无用处！

这就是无线电频谱管理如此重要的原因所在，特别是随着越来越多依赖于无线电频谱的技术不断涌现，频谱管理工作越发重要！为了全社会的利益，确保所有用户都能有效地共享无线电频谱资源的必需过程，称为频谱管理。

因而，频谱管理的定义是：监管无线电频率使用，以促进其有效利用并获得净社会收益的过程。

2）什么是频谱管理者？

频谱管理者是负责管理频谱的人员，参加国家和/或国际层面的频谱工作会议，进行频率分配或授权许可，并保护特定用户对无线电频谱的使用。

他们可能受雇于波音、谷歌和诺基亚等各类公司，以及美国国家海洋和大气管理局（NOAA）、美国航空航天局（NASA）和美国联邦航空管理局（FAA）等政府机构。事实上，所有美国联邦机构都至少有一名频谱管理者。

3）什么是频谱工程师？

频谱工程师制定符合电磁兼容性（EMC）标准的程序，用于规范设备设计，使其不发出超出规定功率和频率的辐射。他们规定了有效使用指定频段的最低技术要求，以避免产生无意射频干扰。设备标准包括用频设备（如无线电发射机和接收机）的认证，以确定其符合无线电工作标准。他们的工作可能包括描述设备的功能和用途、处理频率许可或指配、规划频谱信道、研究调制技术、管理发射机输出功率，以及控制带外辐射的发射限值等。

1.2 经济效益

与许多其他自然资源一样，无线电频谱作为一种有限的资源，是社会经济发展的关键因素。通过频率分配过程，频谱的使用产生了巨大的经济效益。合理有效地利用频谱，可以提高国家的经济竞争力、创造就业机会并提高人民的生活水平。FCC则通过招标过程，使商业机构获得特定频段频谱资源的使用权。由于无线电频谱资源的有限性，公共和军事部门与全球商业移动无线供应商之间的用频冲突日益加剧，因为商业机构倾向于挤占那些已经用于公共和军事部门的频谱资源。

1.2.1 美国总统备忘录

2010年，奥巴马政府发布了题为"推动无线宽带革命"的美国总统备忘录[*White House*, 2010]，鼓励频谱监管机构从联邦和非联邦频谱中划分出500MHz用于无线应用。2012年，总统科学技术顾问委员会（PCAST）认为：通过清除和重新分配联邦频谱来满足新业务需要的传统方法代价过于昂贵且耗时过久，不适应国家频谱政策的可持续发展要求。PCAST就联邦频谱管理制定了一系列的建议书，核心是推动频谱资源的大规模共享。

2013年，奥巴马政府发布了第二份总统备忘录，题为"扩大美国在无线创新方面的领导地位"。该备忘录指示联邦机构采取额外行动加速频谱共享。其中一些建议有助于促进无线技术和市场的发展。

2018年，美国政府又发布了一份总统备忘录，内容是为美国未来发展制定可持续频谱战略。该备忘录撤销了前两份备忘录，并呼吁成立频谱战略工作组，与其他政府机构合作，协调无线技术的频谱使用，从而促进经济发展并保护国家安全。

无线应用在以惊人的速度持续增长。事实上，2018年美国Wi-Fi设备的数量已经超过了美国的人口数量。这是因为许多人拥有平板电脑、工作手机和个人手机、笔记本电脑和台式机等，有时这些设备同时连接Wi-Fi。根据爱立信2017年的估计，到2023年，全球将有91亿移动用户，85亿移动宽带用户和62亿独立移动用户。

移动宽带爆炸式增长的主要驱动因素包括：
（1）智能手机和其他移动计算设备。
（2）大量新型连接设备（物联网（IOT））和可穿戴电子设备。
（3）第四代（4G）无线技术，如LTE（长期演进）。

无线电频谱的商业应用与日俱增。此外，商业航天的发展也需要更多的频谱资源。世界各地都呈现出这种趋势。稍后我们将阐述商业应用和商业航天两种用法之间的区别。然而，在此我们需要认识到无线电频谱是一种有限的资源。

对于某些人来说，频谱资源有利可图且利润丰厚。根据埃森哲战略2018年题为"无线行业如何为美国发展提供动力"的研究报告，无线经济每年为美国经济贡献4750亿美元，产生1万亿美元的经济产出。

电视台因共享或放弃其在用频谱并转向更低的VHF频段，而获得奖励资金。电视台可以用这笔钱购买必要的设备，以在新指定频率进行信号传输。然而，这可能会影响到免费的公众电视服务，例如当地电视频道和公共电视频道。很多本地新闻对此都有报道，其中Current.org的埃普丽尔·辛普森，2017年4

月 25 日以"前新泽西州州长在频谱拍卖获胜后请求州政府支持公共电视业务"为题进行报道。

1.2.2 FCC 频谱拍卖

2006 年，FCC 拍卖了 90MHz 的 3G 蜂窝通信频谱，为美国财政部获得了 137 亿美元的收益。AT&T 和 Verizon 两家公司是 2008 年频谱拍卖竞标的赢家。10 年后，2016 年 1 月，有报道称 FCC 拍卖 65MHz 带宽频谱用于 AWS-3 高级无线服务，成交价高达 450 亿美元。

无线电频谱为人类社会带来了巨大的好处，不过在改进天气预报和地球遥感研究等方面获得的收益难以量化。国际电联《2010 年报告》（ITU-R RS.2178 报告，2010 年）记录并高度评价了这方面的社会收益，称仅在灾害管理方面的收益就超过 2400 亿美元。

就美国财政部的收益而言，似乎无线电频谱（图 1.7 中用彩虹表示）确实像民间传说《小妖精》故事描述的一样，能够带来数不尽的黄金。

图 1.7　将无线电频谱的价值比作《小妖精》传说中的金罐（Gergely 和 Cruy-Pol，2015）

我们可以得出结论，对于无线电频谱日益增加的需求，需要有更多的办法实现对这种有限资源的有效共享，我们将在本书的后续章节进行研究。

第 2 章 基本概念和缩略语

本章介绍无线电频谱管理的基本概念以及一些常用的缩略语，此外我们还将介绍各个频段的名称和该频段的应用示例。如果你已经熟悉这些术语，则可以跳过本章，并根据需要返回以供参考。

首先简要回顾一下无线电频谱管理的起源,这一切都始于电磁波的发现！1865年，苏格兰科学家詹姆斯·麦克斯韦提出了一组方程，证明电场和磁场在空气中以光速传播。被认为由光子组成的光，有没有可能也像电磁波一样传播呢？二十多年后的1888年，德国物理学家海因里希·赫兹终于证明了电磁波的存在，与麦克斯韦的推测完全一致，而此时麦克斯韦刚刚去世9年。尽管如此，赫兹仍认为"他发现的无线电波不会有任何实际应用"。具有讽刺意味的是，仅仅三年后的1891年，英国科学家、工程师和物理学家奥利弗·赫维赛德就说："无线电波将无处不在！"。想象一下，赫兹会如何看待现在无线电波难以计数的应用！

如图 2.1 所示，无线电波是电磁波的一个子集，并根据其频率不同分为不同的频段。它们不包含高于红外线的任何频率，例如伽马射线、紫外线或 X 射线。

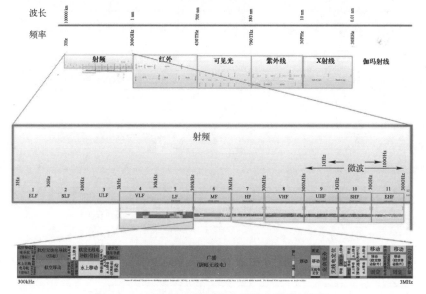

图 2.1　电磁频谱中被定义为无线电频率的部分

有几个不同的频段命名方式,包括电气和电子工程师协会(IEEE)频段命名、北大西洋公约组织(北约,NATO)命名和国际电联(ITU)频段命名,ITU频段命名如表2.1所示。

表2.1 ITU频段命名

ITU频段命名	频率范围
极低频	3~30Hz
超低频	30~300Hz
特低频	300Hz~3kHz
甚低频	3~30kHz
低频(长波)	30~300kHz
中频(中波)	300kHz~3MHz
高频(短波)	3~30MHz
甚高频	30~300MHz
特高频	300MHz~3GHz
超高频	3~30GHz
极高频	30~300GHz

本书采用IEEE频段命名方式,如表2.2所示。该命名在国际上广泛使用,包括国际电联的官方文件中。IEEE是全球规模最大的专业协会,世界各地的会员超过40万人(主要是工程师)。

表2.2 IEEE频段命名

IEEE频段命名	频率范围
中频	300kHz~3MHz
高频	3~30MHz
甚高频	30~300MHz
超高频	300MHz~1GHz
L频段	1~2GHz
S频段	2~4GHz
C频段	4~8GHz
X频段	8~12GHz
Ku频段	12~18GHz
K频段	18~27GHz
Ka频段	27~40GHz
V频段	40~75GHz
W频段	75~110GHz

比较表 2.1 和表 2.2 可以看出，ITU 频段命名中的超高频频段包含了 6 个 IEEE 频段，因此讨论 X 频段或 C 频段比说超高频（SHF）频段要明确得多。

北约是一个由美国、加拿大、英国和其他部分欧洲国家组成的国际组织。北约采用从 A~M 频段的命名方式，如图 2.2 所示。该图还比较了 NATO、IEEE 和 ITU 的频段命名。

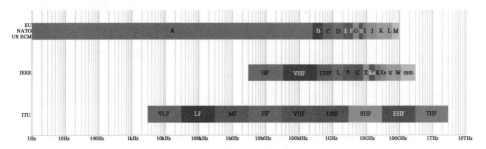

图 2.2　NATO、IEEE 和 ITU 频段命名比较

仔细观察 IEEE 频段命名，UHF 频率范围从 300MHz~1GHz，被称作特高频，因为它曾经被认为是已经很高的频率了，特别是与用于广播的调幅频率（载波频率 535kHz 左右）相比而言。L 频段的频率范围是 1~2GHz，可用于全球定位系统（GPS）和其他许多业务；S 频段频率范围是 2~4GHz，主要用于国家气象局（NWS）雷达、Wi-Fi 和微波炉等；C 频段是 4~8GHz；X 频段是 8~12GHz。

K 频段的频率范围是 18~27GHz，其中包括水蒸气分子谐振频率 22.235GHz，因此也被称作"水频段"。Ku（K-under）频段表示恰好比 K 频段低的频段，频率范围是 12~18GHz。Ka（K-above）频段表示恰好比 K 频段高的频段，频率范围是 27~40GHz。

在 Ka 频段之上还有很多频段，比如 V 频段和 W 频段，因为它们在空气中的波长是毫米量级，因此通常被称为毫米波。

上述所有这些频段都在微波范围内，微波的频率范围是 3kHz~300GHz。从事频谱相关工作的人对这些频段都烂熟于心。

大部分频谱资源的使用，都需要事先得到指配或授权，具体取决于用途的不同（对此将在第 8 章中进行解释）。现在，我们看一下那些不需要授权即可使用的频段。

2.1 全球移动通信系统

全球移动通信系统（GSM）是一个未经授权而共享频谱的例子。GSM最初表示群组专用移动通信体制，1989年由欧洲开发，工作频率为900MHz（UHF）。现在GSM作为移动通信的全球标准，市场占有率超过90%，在219个以上国家和地区运营。

现在GSM从UHF到L频段范围内有几个频段，详见表2.3。其中用E-GSM-900和DSC-1800频段在加勒比地区、拉丁美洲、加拿大和美国使用。GSM-850和PCS-1900频段在欧洲、中东、非洲和亚太地区使用。如今，美国的大多数移动电话都支持这2个频段，以促进漫游业务。在欧洲，一些手机支持3个频段，称为3频段能力。同样，也有4频段手机，支持4个频段。

表2.3 用于全球移动通信的部分GSM频段列表

GSM频段	f/MHz	上行/MHz 手机到基站	下行/MHz 基站到手机	等效LTE频段
GSM-850	850	824.2～848.8	869.2～8983.8	5
P-GSM-900	900	890.0～915.0	935.0～960.0	
E-GSM-900	900	880.0～915.0	925.0～960.0	8
R-GSM-900	900	876.0～915.0	921.0～960.0	
T-GSM-900	900	870.4～876.0	915.4～921.0	
DCS-1800	1800	1710.2～1784.8	1805.2～1879.8	3
PCS-1900	1900	1850.2～1909.8	1930.2～1989.8	2

某些多模手机支持6种不同的频率。购买手机如果使用其他运营商的频段，有时需要将其进行官方解锁。

2.2 无需授权的国家信息基础设施

在美国，FCC确定哪些频率可以由无需授权的小机械装置（图2.3）使用，这就是无需授权的国家信息基础设施（U-NII）的定义。

无需授权意味着可以在这些频段设计使用小机械装置，只要它用于特定类型的应用，就不需要申请授权。每个国家/地区都明确了其许可发射功率、带宽、在室内或室外使用，以及特定的可用频率信道。U-NII设备包括：有线电视设备、GPS设备、寻呼机、手机、移动通信设备，广播和电视演播设备，以及电视棒（Chromecast）和苹果电视盒子（Apple TV）。

图 2.3　Wi-Fi 就是 5G U-NII 的一个示例

在美国，U-NII 的频率范围如表 2.4 所示，这些频率都在 C 波段内。

表 2.4　美国 U-NII 频率命名

名称	频率范围
U-NII-1 或 U-NII 低端	5.150～5.250GHz
U-NII-2A	5.250～5.350GHz
U-NII-2C / U-NII-2e 或 U-NII 全球（除中国和以色列外）	5.470～5.725GHz 受雷达规避的动态频率选择影响
U-NII-3 或 U-NII 高端	5.725～5.850GHz，与 ISM（工业、科学和医疗）频段重叠

U-NII-1 也被称为 U-NII 低端，U-NII-3 也被称为 U-NII 高端。U-NII-2A 的频率范围受动态频率选择（DFS）的约束，只要它不干扰 C 波段（5GHz）雷达系统，就可以用于 Wi-Fi。但该频段由于较高的 RFI，通常无法用于有源卫星地球探测业务（EESS-active）。U-NII-2C 被称为 U-NII 全球（除中国和以色列外）的，它的频率范围是 5.470～5.725GHz，也受 DFS 的约束。

2.2.1　C 频段的"非无需授权"U-NII

有两个 U-NII 频段是"非无需授权"的，尽管他们的名字是 U-NII-2B 和 U-NII-4。它们各自的频率范围如下。

（1）U-NII-2B：5.350～5.470GHz。

（2）U-NII-4：5.850～5.925GHz。

首先，FCC 划分给 U-NII-2B 的 120MHz 频谱用于无需授权使用。事实上，该频段作为主要业务划分给卫星地球探测业务（EESS）研究和用于联邦的无线电定位服务，作为次要业务用于非联邦的无线电定位服务。NASA 将该频段用于测距雷达,以跟踪火箭、导弹、卫星、运载器和其他目标。NASA 在该频段上还有少量无人机系统,用于将数据通过下行链路传输到地面控制接收机。工作在 5.35～5.47GHz 频段的合成孔径雷达(SAR)执行天基观测地表地形、土壤湿度和海平面高度。

其次,U-NII-4 频段目前划分给获得授权的业余无线电业务,以及专用短程通信业务(DSRC)智能运输系统的无线信道。不过,FCC 正考虑将此频段用于无需授权业务。美国联邦法律汇编第 47 章第 15 部分(2005 年修订)中,第 301 至 407 的"射频设备"小节描述了 U-NII 频段的法规。因此,就目前而言,要使用这些频段,需要事先得到划分或授权。

美国频率划分表中的 U-NII 频段及用途如图 2.4 所示。

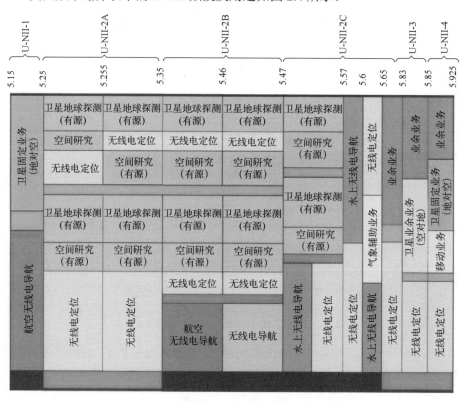

图 2.4　美国频率划分表中的 U-NII 频段及用途

2.2.2　S 频段的"非无需授权"U-NII

另一个无需授权即可使用的例子是 2.4GHz 频段。通常,微波炉工作频率在 2.45GHz。尽管做了严格屏蔽,但微波炉的高功率辐射有时会泄漏并造成邻频干扰,因此决定在收发两个方向上为它们提供几兆赫的频隙(称为保护带),以最大限度地减少 RFI。因此,产生出 2400～2483.5MHz 的 ISM 频段。(参见 2.2.4 节)

为了减少 RFI,微波炉玻璃门中的打孔金属防护罩旨在阻挡大部分辐射。它是一个屏蔽层,孔的大小比 2.44GHz 频率的波长小得多(空气中的波长为 c/f=12.2cm),以防止电磁波从微波炉中辐射出来。

2.2.3 保护带

为防止干扰而在两个指定频段之间留有频隙,称之为保护带,如图 2.5 所示。这样不同业务可以同时发送/接收,而不会相互干扰。保护带通常用于频分复用(FDM)体制。尽管可能被视为浪费频谱资源,但实际上,保护带的设计对于规避近邻频业务间干扰极为必要。

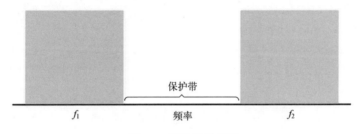

图 2.5 保护带示意图

大多数微波电子设备都会在预定工作带宽之外的频率上产生谐波和辐射,因而保护带是必不可少的。

如上所述,由于微波炉的保护带设计,另一个重要的无需授权频段由此产生。

2.2.4 工业、科学和医疗(ISM)频段

工业、科学和医疗(ISM)无线电频段是指在通信频谱之外,国际上为这些应用而预留的频谱资源。它最初设定在 2.54GHz 左右,现已扩展到从 6.7MHz 到 245GHz 之间的一些专用频段。

2.54GHz ISM 频段在全球范围内使用,只不过一些国家在命名上有所变化。使用 2.54GHz 的用频设备包括癌症治疗设备、无绳电话、蓝牙设备、对讲机和 Wi-Fi 等,手机也使用部分 ISM 频段。ISM 频段由多种类型的设备共用,彼此之间没有任何 RFI 监管保护。有时 Wi-Fi 路由器或者微波炉会干扰到蓝牙鼠标,

就是因为这个原因！

无绳电话的工作频率为 43～50MHz、900MHz、2.4GHz 和 5.8GHz。工业加热使用的频率范围约为 5MHz～5GHz，其中包括 915MHz 和 2.45GHz，蓝牙工作频率介于 2.402～2.48GHz 或 2.400～2.4835GHz。

2.2.5 IEEE 802.11 标准

IEEE 802.11 标准是一组无线局域网（WLAN）通信的规范。WLAN 在指定的频率范围内工作，从 900MHz（UHF）一直到 60GHz，其中包括一些无需授权的 U-NII 频段。

每个频带分为多个信道。

（1）900MHz (802.11ah)。

（2）2.4GHz (802.11b/g/n)。

（3）3.65GHz (802.11y)。

（4）4.9GHz (802.11j) 公共安全 WLAN。

（5）5GHz (802.11a/h/j/n/ac)。

（6）5.9GHz (802.11p)。

（7）60GHz (802.11ad)。

2.3 轨道和业务

在无线电频谱管理领域，通常用"业务"这个概念，而不使用"应用"或"用户"等名称。卫星地球探测业务（EESS）就是其中的一种，EESS 是地球站与一个或多个空间电台之间的无线电通信业务，收集与地球和地球自然现象的物理特性有关的信息，用于科学研究和服务人类社会。空间研究业务（SRS）是另一种无线电通信业务，该业务利用航天器开展太空科学研究。

对于现有的众多业务，都有一串首字母缩略词表示。例如，卫星固定业务是 FSS，移动业务是 MS。在 2.4.5 节将对部分业务做进一步研究。

由于许多无线电应用使用卫星进行通信和科学研究，因此，有必要掌握一些与轨道相关的首字母缩略语。

例如，就卫星与地球站之间的通信链路而言，使用了以下术语：

（1）s-E 表示由空间到地面的下行数据传输链路。

（2）E-s 表示由地面到空间的上行传输链路。

就卫星的轨道高度和/或轨道形状而言，常见分类如下：

(1) LEO：低地球轨道（轨道高度为 160~2000km），国际空间站（ISS）和铱星卫星使用此种轨道。

(2) MEO：中地球轨道（轨道高度为 2000~35000km），GPS 和 GLONASS 卫星使用此种轨道。

(3) HEO：高椭圆轨道（卫星离地球最远的轨道高度即远地点 40000km）。

(4) GSO：地球静止轨道（轨道高度 35786km）

常见卫星轨道类型如图 2.6 所示。

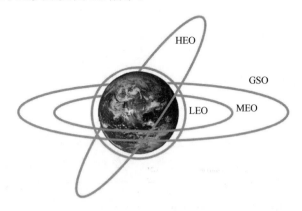

图 2.6 常见卫星轨道类型

GSO 轨道高度正好在 35786km 的高度，这样卫星以与地球自转相同的速度移动。从地面上看，它好像在地球的某个位置上空静止不动。所有的地球静止轨道也是地球同步轨道，但并非所有地球同步轨道都是地球静止轨道。地球静止轨道保持在赤道正上方，而地球同步轨道可能会向北和向南摆动以覆盖更多的地球表面。

同样，NGSO 表示非地球静止轨道，通常是指低轨道，轨道高度在 2500km 以下。NGSO FSS 是采用特定入射角的卫星星座提供卫星通信业务，甚至可以为世界上的偏远地区提供通信。入射角指地球表面法线方向与卫星天线波束中心之间的夹角。

除了地球静止轨道外，还有太阳同步轨道和极轨道。极轨道是环绕近极点的倾斜轨道，倾角近 90°。极轨卫星在 200~1700km 的轨道高度上运行。太阳同步轨道的轨道高度在 200 至 5000 多千米之间，具体取决于卫星的轨道周期和纬度。采用太阳同步轨道是因为太阳总是能够照到卫星的太阳能电池板上。

轨道高度关系到电磁波的行进距离，进而关系到大气衰减引起的信号功率衰减，相关内容将在下一章讲述。

通信、军事、民用和科学卫星可能会使用相同的轨道，他们都要避开范艾伦辐射带——一个高能粒子辐射区域，可能会损坏卫星的敏感电子元件。在卫星轨道设计时必须予以充分考虑，以尽可能减少 RFI。本书第 11 章将介绍更多卫星轨道的相关信息。

2.4 无线电频谱管理相关定义

2.4.1 机构

另一个重要的首字母缩略语是 ITU，它代表在国际层面管理无线电频谱的国际电联，对此将在第 7 章详细介绍。ITU 每 3 到 4 年组织召开 WRC 大会，即世界无线电通信大会和世界无线电通信大会筹备会议（CPM）。

美国有两个无线电管理机构，分别是美国联邦通信委员会（FCC）和美国国家电信和信息管理局（NTIA），对此将在第 8 章详细介绍。FCC 主要负责商业和非政府机构的无线电频谱管理，NTIA 负责政府机构的无线电频谱管理。美国国家科学、工程院与医学院（NASEM）设有无线电频率委员会（CORF）。同样，IEEE 也有遥感频率划分委员会（FARS）。

在无线电频谱管理会议交流中，使用了很多首字母缩略语。ITU 有许多重要的缩略语，例如：

（1）ITU-R 代表国际电联无线电通信部门。

（2）ITU RA 代表国际电联无线电通信全会。

（3）Rec.ITU 代表国际电联建议书。

（4）RR 代表无线电规则。

FCC 也有其常用首字母缩略语，例如：

（1）NOI 表示查询通知，即邀请评论，但尚未提出任何规则。

（2）NPRM 表示拟议规则制定的通知，通常发布在《联邦公报》上，任何利益相关方自公告发布之日起有 60 天的异议期，此外还有 30 天的时间用于回复意见。新增评论仍可在回复评论窗口中提交。

（3）FNPRM 表示拟议规则制定的进一步通知，当对原始提案进行较多更改时使用。

（4）R&O 表示报告与指令，即规则已经制定完成，但仍可进行修改。

CFR 表示联邦法规汇编，是美国政府一般性和永久性规则和法规的集成。它分为 50 篇，每篇都包括一个广泛的专题内容，细分为多个部分。一个非常重

第 2 章 基本概念和缩略语

要的部分是处理受限工作频带的，即第 47 篇第 15 部分的第 205 节，缩写为 47 CFR 15.205。其中除其他事项外，还包含有关无意辐射（杂散）、未授权设备以及有关此类辐射的许多详细规范，对此将在第 12 章进行更多讨论。

就发射或接收的功率而言，使用以下术语：

（1）PFD 表示功率通量密度，单位是 W/m^2。

（2）EPFD 表示等效功率通量密度，考虑了给定接收机方向上所有辐射源的辐射总量，并考虑了天线方向性，对此将在第 4 章中研究。

（3）EIRP 表示等效全向辐射功率（也称为 e.i.r.p.），对此将在第 5 章中讨论。

（4）SFD 表示功率谱密度，测量单位为 $W/(m^2·Hz)$ 或央斯基（Jansky）[1 Jy= 10^{-26} $W/(m^2·Hz)$ =-260dBW/$(m^2·Hz)$]。

还有我们之前章节已经见到的一些首字母缩略语：

（1）U-NII 表示无需授权的国家信息基础设施。

（2）LAN 表示局域网。

（3）WLAN 表示无线局域网。

ENSO 是一种无规律的周期性现象（通常每 3 至 7 年一次），影响着全球的天气模式。厄尔尼诺现象（图 2.7）是 ENSO 的暖期，拉尼娜现象是 ENSO 的冷期，通常在厄尔尼诺现象之后约 85%概率出现。拉尼娜现象导致大西洋飓风数量增加，而厄尔尼诺现象导致太平洋风暴和飓风数量增加。拉尼娜现象还导致龙卷风数量增加、美洲天气更加干燥、亚洲的天气更加潮湿。

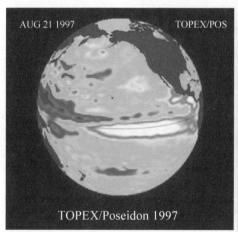
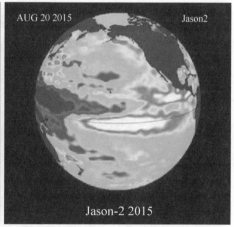

图 2.7　厄尔尼诺事件图像。1997 年，遥感（EESS）卫星首次预测厄尔尼诺南方涛动（ENSO）事件。这一现象导致世界多地出现极端天气，包括美国东部的洪水、西海岸的干旱、澳大利亚森林火灾风险和太平洋地区的更多飓风，以及许多其他灾害后果

2.4.2 授权和指配

在美国，由 FCC 负责民商频率使用授权，政府用频等效为指配模式。有关此内容的更多信息详见第 8 章。

为了说明划分和指配之间的区别，在此将其与城市中的分区进行类比。如大多数城市分区地图所示，城市中部分区域仅指定用于商业，称为商业区，此外还有工业区，以及住宅和娱乐区。仅仅因为一个区域是住宅区并不意味着你就可以在那里建造房子，你首先需要得到许可证。同样，一个频段划分给移动航空遥测业务，但你仍然需要首先申请频率指配，方能在该频率进行信息传输。

2.4.3 划分的类型

有两种划分类型：主要业务和次要业务。主要业务授予该频带内的特定业务优先级。次要业务所包含的业务内容必须保护该频段内的所有主要业务。次要业务不得对主要业务（用户）造成有害干扰，并且必须承受来自它的干扰。

2.4.4 杂散和带外辐射

就射频干扰而言，有两个重要的术语：

（1）杂散发射：是指必要带宽外的无意辐射，其辐射电平可以降低但不影响信息传输。杂散发射包括谐波发射、寄生发射、互调产物，但不包括带外发射。

（2）带外辐射（OOBE）是紧邻必要工作带宽的外侧，因调制过程产生的一个或多个频率的辐射，但不包括杂散发射。

与此相反，有害干扰意味着它危及另一个业务的正常使用。

2.4.5 业务缩略语表

表 2.5 列出了频谱管理中使用的应用或业务的首字母缩略语。例如，AMS 代表航空移动业务，飞机通信即属此类业务。FS 代表固定业务，例如可中继电视或无线电台信号远距离传输的天线塔。还有 FSS 表示用于卫星固定业务，如卫星为地面固定位置提供电视信号的通信业务。

第 2 章　基本概念和缩略语

表 2.5　无线电业务缩略语表

缩　写	无线电业务
AMS	航空移动业务
AM(R)S	航空移动（航线）业务
AMSS	卫星航空移动业务
AMS(R)S	卫星航空移动（航线）业务
ARNS	航空无线电导航业务
ARNSS	卫星航空无线电导航业务
AS	业余业务
ASS	卫星业余业务
BS	广播业务
BSS	卫星广播业务
EESS	卫星地球探测业务
FS	固定业务
FSS	卫星固定业务
ISS	卫星间业务
LMS	陆地移动业务
LMSS	卫星陆地移动业务
MetAid	气象辅助业务
MetSat	卫星气象业务
MMS	水上移动业务
MMSS	卫星水上移动业务
MRNS	水上无线电导航业务
MRNSS	卫星水上无线电导航业务
MS	移动业务
MSS	卫星移动业务
RAS	射电天文业务
RDS	无线电测定业务
RDSS	卫星无线电测定业务
RLS	无线电定位业务
RLSS	卫星无线电定位业务
RNS	无线电导航业务
RNSS	卫星无线电导航业务
SOS	空间操作业务
SRS	空间研究业务

MetSat 代表卫星气象业务，还有水上移动业务（MMS）和卫星水上无线电导航业务（MRNSS）。而 MS 和 MSS 分别代表移动业务和卫星移动业务。图 2.8 分别是卫星移动业务（MSS）和卫星水上移动业务（MMSS）的示意图。

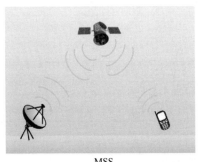 

MSS   MMSS

图 2.8   MSS 业务和 MMSS 业务通信应用示意图

无线电定位业务缩写为 RLS，指的是使用电磁波确定特定目标位置的设备，例如飞机检测雷达。卫星无线电定位业务（RLSS）与 RLS 业务类似，不过传感器安装在卫星上，如全球定位系统（GPS）。SOS 是指用于航天器空间操作的业务，例如空间跟踪遥测和遥控。

2.4.6   美国 5GHz 频段新旧规则

在美国，包括 5.250～5.350GHz 和 5.470～5.725GHz 在内的 5GHz 频段其他业务需要保护军事和机场气象雷达免受射频干扰。用户必须采用动态频率选择（DFS）来避免干扰这些同频段雷达。随着 5GHz 频段得到越来越多的通信应用，2015 年 FCC 放宽了旧规则要求。

"旧规则"

2007 年，FCC 要求在 5.250～5.350GHz 和 5.470～5.725GHz 频段工作的设备采用动态频率选择（DFS）和发射功率控制（TPC）技术，以避免对机场的航站多普勒气象雷达（TDWR）和军事应用达造成射频干扰。

"新规则"

2015 年，FCC 重新启用了以前禁用的 DFS 信道。这消除了制造商根据旧规则能够拥有分阶段获得设备批准或修改的能力。自 2016 年 6 月起，所有设备都必须符合新规则的要求。

2.4.7   低频

除大气共振影响外，低频信号具有大气衰减小的优势，如果用于长距离视距（LOS）传输，通常需要将设备架设在山顶。接收器前端噪声系数和天线增益是视距信号传输的决定性因素。对于此将在第 3 章和第 4 章中进行详细介绍。

2.4.8 电磁兼容性

电子设备之间的相互影响称为"电磁兼容性"（EMC），以实现频谱合规性。频谱合规性检查需要开展频谱监控和执法行动，以确保用户遵守频率划分、设备频率指配条款和其他技术标准。通过这些行动帮助用户识别有害干扰源，避免不兼容的频率使用，并解决当前用户和潜在用户的干扰问题。从而确保用户遵守国家频谱管理法规，最大化频谱资源的社会效益。

第 3 章　大气衰减影响

本章将基于频率和其他参数来介绍无线电波传播的概念，讨论大气衰减、大气窗口等概念，依据传播路径对无线电波分类、研究不同频率对地球参数的敏感性、地球物理过程、玻尔方程和普朗克定律。

3.1　无线电波传播

发射机和接收机之间路径中的降雨和水蒸气量，只是可能影响最终到达手机或电视天线电磁波信号质量的部分因素。

无线电信号可以在一点到另一点之间传播，例如手机与基站之间；也可以在一点到几个区域之间传播，例如地球观测卫星与需要研究的海洋或陆地之间。无论何种情况，无线电信号都可能受到传输路径的影响，包括散射、极化、反射、折射、衍射和吸收等。

图 3.1 展示了无线电信号传播路径上，可能影响传播和衰减的一些因素。

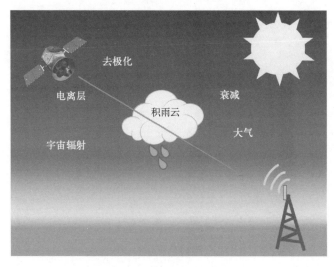

图 3.1　大气衰减的影响因素示意图

3.1.1 传播路径

电磁波在大气中的传播路径（图 3.2）主要取决于电磁波的频率。当电磁波以直线方式传播时，称为视距（LOS）传播，有时也称为"空间波"。传播路径可以在地面上的两个点之间，也可以在卫星与地球站之间。视距传播通常适用于频率较高的信号，如微波及以上频率。基于使用的频率和当时大气组成，其受到大气衰减影响的程度也有所差异。

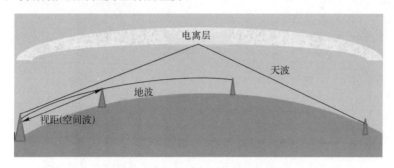

图 3.2 电磁波在大气中的传播路径

表面波在大气中发生弯曲并可以传播到地平线之外，称为"地波"。频率较低的信号，像中频（MF）、低频（LF）和甚低频（VLF）及以下频段，都属于地波传播。这些低频信号几乎不受大气衰减的影响，可以传播很长的距离。因此，有些频段可用于全球通信，例如甚低频（VLF）和极低频（ELF）。它们还具有穿透海洋内部很远距离而不会衰减的能力，这就是它们能够用于潜艇通信的原因。

中频（MF）和高频（HF）电磁波可以经电离层反射到很远的距离，称为"天波"。电离层变化很大，可以对电磁波造成衰减并影响它们的传播。电离层在一天中的不同时间有所变化，同时也受季节、太阳风暴和其他因素影响。这些因素改变电离层的高度和电子密度，因此影响天波的传输距离。

3.2 大气衰减

衰减取决于许多因素，首先是电磁波的工作频率。其他需要考虑的因素有发射机和接收机（或观测目标）之间的距离、电离层法拉第旋转效应（改变电磁波的极化）、降雪量、尘埃浓度、降雨量、水蒸气浓度及其他大气成分的浓度。图 3.3 的示例只是从卫星传感器遥感地球物理参数（如盐度）时需要考虑的部分因素。

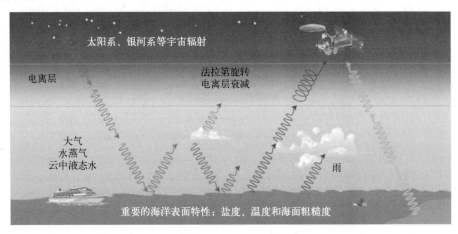

图 3.3　影响卫星传感器上盐度监测的地球物理因素

3.2.1　雨衰

雨衰取决于所传输信号的频率和极化方式，当然还有传输路径中的降雨量。它由特定的衰减或损耗系数 γ_R 表示（单位：dB/km），γ_R 是降雨率 R 的函数，R 的单位是 mm/h。

$$\gamma_R = kR^\alpha$$

式中：系数 k 和 α 是频率和极化的函数。基于地形高度、仰角和区域等因素可计算有效降雨路径（km）。γ_R 乘以有效降雨路径，得到以分贝（dB）为单位的总衰减值。

其他类型的降水，如冰、雾和雪，也会产生不同的衰减量。国际电联的一些建议书是关于这些大气成分的具体衰减。

（1）Rec. ITU-R P.837 建议书"传播建模的降水特性"：该建议书提供了基于 1min 统计时间的典型降雨量估计方法，仅在缺乏可靠的本地长期降雨数据时使用。

（2）Rec. ITU-R P.838 建议书"预测方法中使用的降雨衰减具体模型"：该建议书提供了从 1GHz～1THz 频率的降雨衰减的计算模型。

（3）Rec. ITU-R P.840 建议书"云雾引起的衰减"：该建议书提供了基

于瑞利散射、将双德拜模型用于水的介电常数 $\varepsilon(f)$ 的计算模型，根据云液态水的温度和密度，估计 10～200GHz 之间频率的地空路径上云和雾引起的衰减。

干燥空气和雨中的衰减值见图 3.4。

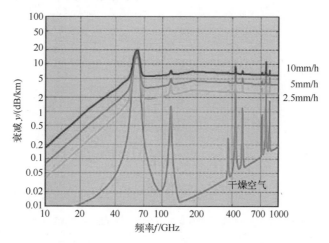

图 3.4 干燥空气和降雨率分别为 2.5mm/h、5mm/h 和 10mm/h 的衰减值

（源自：美国海军研究实验室（N$_i$RL））

3.2.2 大气吸收

即使没有雨、雪、雾或任何其他类型的降水，电磁波传播时仍然会因空气和大气而衰减。在此首先了解气体发射和吸收光谱的一般原理，然后再仔细研究大气中常见的一些组成分子。需要强调的是，只要温度高于 0K，所有物质都会辐射出各种电磁能。从物理上讲，物质温度不可能不高于 0K，否则原子和电子都会停止运动！因此，所有物质都会辐射能量！人的身体也在辐射各种电磁波，主要是光谱的红外部分。

1）气体辐射

原子的辐射频率取决于原子能级的跃迁。玻尔方程给出了计算公式，其中 f 是辐射波的频率，ε 是原子的能量，h 是普朗克常数，等于 6.63×10^{-34}J。

$$f = \frac{\varepsilon_1 - \varepsilon_2}{h}$$

与此类似，气体分子也能够以特定频率辐射，因为分子由几个原子组成。分子与一组振动和旋转运动模式相关联，而每种模式都与该给定状态的允许能级相关。它们的光谱由振动、旋转和电子跃迁形成，玻尔方程同样可用于计算气体分子所产生的共振频率。

给定物体或分子的发射频谱与吸收光谱相反,因为由玻尔方程可知,气体只能在特定频率下吸收或发射。气体分子彼此相距甚远,因此它们仅以那些特定的频率发射(图3.5)。

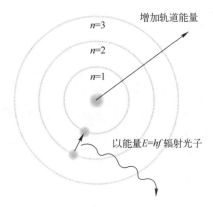

图 3.5　原子以特定能级对应的频率辐射或吸收能量

当用图形频率关系描述时,发射光谱或吸收光谱看起来像一组线,因此也称为线谱。每条线对应于一个谐振频率。纯气体分子的发射光谱和吸收光谱如图 3.6 所示。图 3.7 给出了几种常见气体以可见光为背景的线发射光谱。

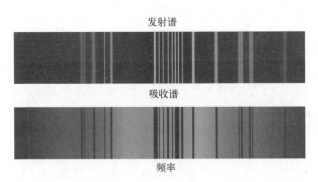

图 3.6　发射光谱和吸收光谱是彼此的负像(对于气体,称之为线谱)

通过大量的遥感和射电天文学传感器,将已知的主要气体和分子光谱用于识别物质成分,称为光谱学。光谱学用于研究行星的化学成分、农业领域的土壤状况,以及许多其他方面。

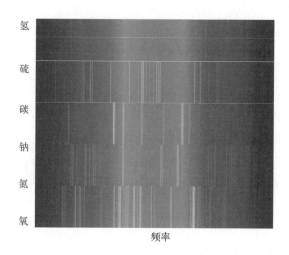

图 3.7 几种常见气体的线发射光谱

2)线谱和连续光谱之间的差异(图 3.8)

液体和固体都是由难以计数的分子组成,其排列密度比气体分子密度大得多,分子之间大自由度的相互碰撞,使得辐射光谱非常复杂,形成连续光谱。这意味着它们可以辐射所有频率的光谱。由普朗克辐射定律可知,辐射光谱取决于物体的温度。

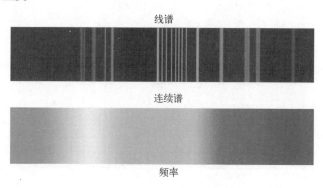

图 3.8 线谱和连续光谱之间的差异

气体在高密度和高压条件下也会导致分子碰撞,这就是水蒸气等气体也可以具有连续光谱的原因。这种现象称为线谱的压力展宽,在后续章节将以氧分子为例进行说明。

马克斯·普朗克（Max Planck）将黑体定义为理论上所有波长电磁波能量的理想辐射体和吸收器，并推导出该理想体发出的辐射功率的强度。考虑该定律基于可见光谱得出，因而强度也被称为亮度。

基于普朗克定律，光谱亮度 B_f 是物体频率和温度的复函数：

$$B_f = \frac{2hf^3}{c^2}\left(\frac{1}{e^{\frac{hf}{kT}}-1}\right) \left[\frac{W}{m^2 \cdot sr \cdot Hz}\right]$$

式中：k 为玻耳兹曼常数，等于 1.38064852×10^{-23}。但对于微波频率而言，瑞利-琼斯定律条件即 $hf/kT \ll 1$ 适用，表达式可以简化为

$$B_f = \frac{2kT}{\lambda^2}$$

因此，对于微波频率而言，普朗克定律的方程可以简化，即辐射的功率与物体的温度成正比。这就是辐射计用来从遥远处测量地球和宇宙温度的原理。

3）用于辐射度测定的黑体辐射

由普朗克定律可知，任何人体或物体都在辐射微波、X 射线、红外（IR）等各种频率的能量。同时，普朗克定律也指出，最大辐射取决于人体或物体的温度，如图 3.9 所示。

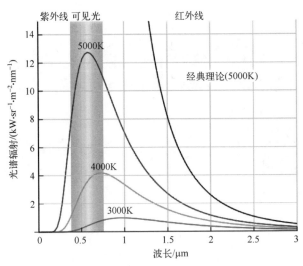

图 3.9 辐射度与物体波长和温度的关系（见彩插）

第3章 大气衰减影响

温度为 3000K 的物体能以所有频率辐射,但主要是在与空气中的波长相当的频率 0.8μm(37.5THz),如图 3.9 中的红线所示。人类体温通常在 310K 左右,主要辐射的是红外线,这就是夜视摄像机被设计成检测红外的原因。

从图 3.10 中可以看出太阳辐射的峰值在频谱的可见光部分(对应于 400~700nm 的自由空间波长的频率),但也辐射红外线、紫外线和其他所有频率的电磁频谱。从大气顶部测量的辐射度与海平面测得的辐射度有所变化主要原因是大气中气体分子的吸收作用,如图 3.10 所示。大气中的不同成分吸收不同频率的辐射,例如臭氧(O_3)能够过滤紫外线辐射,二氧化碳(CO_2)吸收大量的红外线或热量。

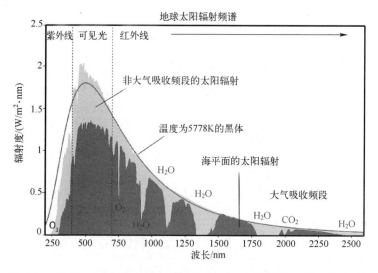

图 3.10 地球大气层顶部(以黄色区域表示)和海平面(红色区域)的直接太阳辐射频谱(见彩插)

当直接向上看向天空时,大气衰减百分比与自由空间中无线电波波长之间的函数关系如图 3.11 所示,也称为天顶不透明度。百分之百意味着所有的辐射都被大气阻挡。图 3.11 中的那些峰值由分子共振形成;同时,图中所示只是一年中的平均值,实际上,大气衰减百分比随纬度、季节以及雨水或水蒸气等大气成分浓度的变化而变化。图 3.11 中不透明度较小的波长区域被称为"大气窗口",因为这些波长允许更好地传输电磁波,从而能够以最小的发射功率进行卫星通信等应用。

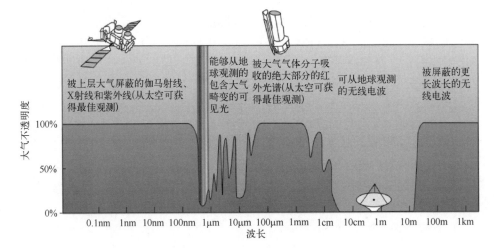

图 3.11 大气衰减百分比与自由空间中无线电波波长之间的函数关系

一般来说,电磁辐射在大气中的传播随频率变化而变化,衰减值由其中气体的发射光谱给出。这在 ITU 的建议书 ITU Rec. P.676"大气气体衰减"中进行了总结。建议书中提供了使用两种方法估计地面和倾斜路径上大气气体衰减方程:第一种方法是通过添加所有单独的吸收谱线计算,对 1~1000GHz 频率范围有效;第二种方法虽然更简单有效,但仅适用于 350GHz 以上的频率。

气体的衰减计算公式如下:

$$\gamma = \gamma_0 + \gamma_w = 0.1820 f (N''_{\text{Oxygen}}(f) + N''_{\text{Waterwapor}}(f)) \quad [\text{dB/km}]$$

式中:γ_0 和 γ_w 分别是干燥空气(氧气、加压氮气和非共振的德拜(Debye)衰减)和水蒸气引起的衰减;f 是电磁波的频率(以 GHz 为单位);$N''_{\text{Oxygen}}(f)$ 和 $N''_{\text{Waterwapor}}(f)$ 是复折射率的虚部,复折射率与频率相关。

氧的折射率是 60~118.75GHz 之间的 37 条谐振线的总和。水蒸气折射率是 22.235GHz 的谐振线和另一条在更高频率的谐振线之和,如 ITU Rec. P.676 建议书中表 2 所列。

该建议书还给出了计算仰角在 5°~90°之间的倾斜地空路径的等效高度方程。对于水平路径的路径衰减 A 由下式给出:

$$A = \gamma r_0 = (\gamma_0 + \gamma_w)^{r_0} \quad [\text{dB}]$$

通过对来自氧气和水蒸气的各个共振谱线进行求和,并考虑其他因素,例如湿的连续介质对水蒸气的吸收作用,可以在任意压力、温度和湿度条件下对大气衰减进行精确计算。大气衰减值随地理位置和天气条件不同而变化,如图 3.12 所示。图中给出了毫米波和亚毫米波接收信道相对晴天气温和水蒸气变化的最低灵敏度。

第3章 大气衰减影响

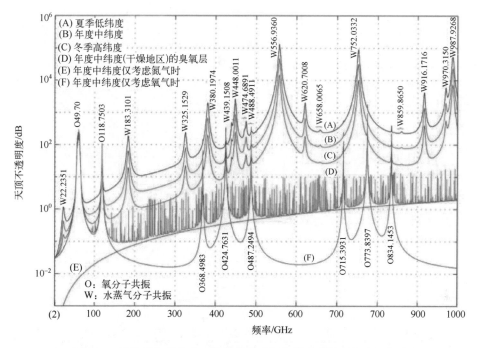

图3.12 标准大气条件和一年中若干天气条件和季节时的大气衰减

如果我们放大图3.12，可以看到100GHz频率以下的两个重要区域，如图3.13所示。

（1）水蒸气共振频率：大约在22GHz（K频段）处。

（2）氧谐振线集：大约在60GHz处。

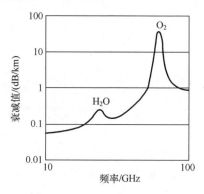

图3.13 大气气体引起的天顶衰减

如前所述，水蒸气谐振频率22.235GHz对于估计和监测天气与气候地球物理参

33

数至关重要，监测数据有广阔的应用范围。仔细观察 60GHz 区域会发现一簇氧谐振线。随着海拔的升高，分子的压力较小，更容易观测。这表明衰减也随高度而变化。在海平面上，空气密度较高（即分子浓度高），分子相互碰撞，产生更多的自由度，因此氧谐振簇看起来是连续的，称为谐振线的压力展宽。在高海拔地区，空气密度较小，分子之间几乎不会相互碰撞，可以轻松观测到单个谱线（图 3.14）。

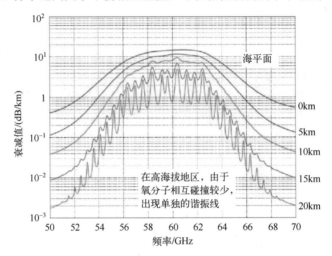

图 3.14　氧分子共振引起的大气衰减（海拔分别为 0km、5km、5km、10km、15km 和 20km）

（源自：Adapted from Rec.ITU-R P.676-11）

由于零海拔附近的空气中始终存在氧气，因此可以利用其在 60GHz 频率范围内的高吸收特性，使近距离内同频复用成为可能，例如用于卫星间或建筑物内的通信。

3.3　频率选择

那么，我们如何为每个业务应用选择信号的频率呢？这取决于应用需求。对于通信而言，如果希望信号的大气衰减小且通信成本低，在较低频率下最容易实现。但是，以较高的频率工作具有更大带宽的优势。对于第五代（5G）移动通信技术，需要大量的发射机来克服高大气衰减，获得更大的覆盖范围。

对于科学应用，需要考虑一些其他因素，例如频率对要研究或监测的地球物理特性的敏感程度。换言之，传感器检测特定地球物理参数的能力取决于使用的测量频率。

例如，在频率为 1.4GHz 时更容易监测海洋盐度和土壤湿度。在频率为 22.235GHz 时能很好地检测水蒸气的含量，不过由于该频率对水蒸气浓度的变化非常敏感，因此需要在此频率以下和之上进行补充观测以获取准确的含水量。补充观测的频率最好在 Ku（即 18GHz）和 Ka（即 36GHz）频段。

如图 3.15 所示，可以看到某些地球物理参数（如风速）对频率的敏感性。每个参数都需要在可以检测到的特定频率范围内进行测量或监测。

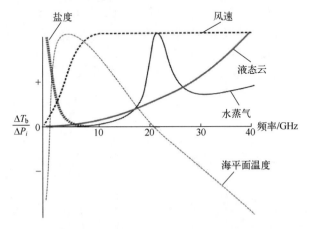

图 3.15 地球物理参数的频率灵敏度

图 3.16 是另一组地球物理参数与频率的关系，这些参数只能在特定频率范围内测量，例如植被指数、云中液态水含量和土壤湿度。

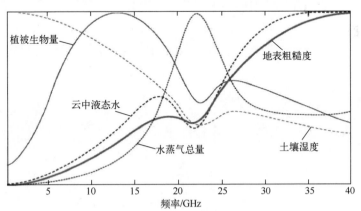

图 3.16 地表参数的频率敏感度

这些地球物理参数对于绘制火灾多发地区以及难以计数的气象和农业应用

具有重要作用。

一般来说，大气衰减和设备成本随着频率的增大而增加。这就是为什么 6GHz 以下频率有时会被称为"海滨地区"，因为每个人都想在那里"建造房子"。但是，在较高频率下天线尺寸更小，更易于管理。而且随着频率的升高，更容易获得较大的工作带宽。

6GHz 以下的频率具有更小的大气衰减和更低的元器件价格。然而，并不总是能够选择到特定的频率，因为这是频谱中最"拥挤"的区域，许多业务共同使用该频段，这些业务也需要低大气衰减和/或对地球参数的特定频率敏感性。大气衰减与频率之间的关系如图 3.17 所示。

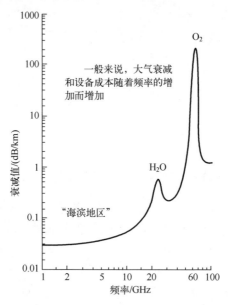

图 3.17　大气衰减与频率之间的关系

第4章 天　　线

本章将介绍天线的基本概念。这些关键的基础知识包括天线参数、天线类型、天线方向图特性，以及阵列天线相对于单天线的优点等。这些参数中的大多数都以发射天线表示，但同样适用于接收天线。图4.1为射电天文学天线。

图4.1　非常灵敏的射电天文学天线（辐射计用来测量数百万英里（1mile≈1.6km）外空间物体的自然辐射）

4.1　基本定义

天线通常是一种金属材料的无源结构，用于发射和/或接收电磁波。无源是指其不需要电源即可工作，只需将需要传输的电磁波馈送给它，就能辐射到空间中去。反之亦然，它接收并捕获电磁波，然后将其通过波导或同轴电缆传输到接收机的电路中。

天线传统上可以分为两种基本类型：线天线和孔径天线（图4.2），尽管越来越多的天线采用它们两类的混合结构。

(a) 线天线：偶极天线、环型天线、八木天线…　　(b) 孔径天线：抛物面天线、喇叭天线、微带天线…

图 4.2　线天线和孔径天线

线天线包括偶极子天线、单极子天线、螺旋天线、环型天线、对数周期天线和八木天线等。孔径天线包括喇叭天线、微带天线、格雷戈里天线、球形天线和抛物面碟形天线等。混合类型的例子有形状为对数周期或螺旋的微带贴片天线。每种类型都有自己的优点和应用场景。在继续介绍天线参数之前，需要先了解一些重要概念以便绘制天线方向图特性，并了解它们如何影响无线电频谱的使用。

4.2　天线基础概念

1）球面坐标

球面坐标对于天线来说是一个相关性很强的概念，因为在球面坐标可以更好地理解天线的辐射方向图，并且方向图通常在球面坐标中描绘。

球面坐标中包括仰角（用希腊字母 θ 表示）和方位角（用希腊字母 ϕ 表示）。仰角从位于正上方的天顶位置即零度开始，可向下至 $180°$，直接指向地面即最低点位置。在 x-y 平面 θ 等于 $90°$，指向水平面的所有方向。方位角围绕 z 轴从 $0°$ 到 $360°$，如图 4.3 所示。需要额外注意的是，此处仰角的定义与其他方面仰角计算的定义不同。例如对于天线阵列而言，仰角是以水平面作为起始定义的，而不是从天顶开始，称之为 alpha（α），因此 $\theta = \alpha + 90°$（见 5.1.1 节）。

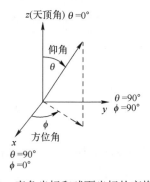

图 4.3　直角坐标和球面坐标的变换关系

2）立体角

立体角是研究天线的一个重要概念，因为天线的辐射波束就是立体角，而不是二维图中的典型平面角。立体角以平方弧度测量（图 4.4），也称为球面度，以三维图的形式显示。

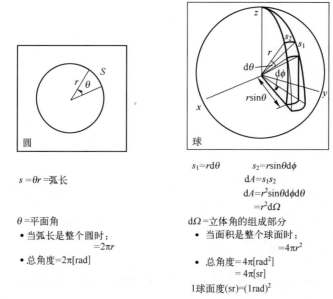

图 4.4 立体角与平面角的比较

立体角用大写字母 Ω 表示，定义为

$$d\Omega = \sin\theta d\phi d\theta$$

球体的总角度是 4π 乘以球面度。天线辐射强度 I 的单位为 W/sr。如果知道辐射源的距离（范围），则可以通过求解下式计算出功率密度 S（单位：W/m²）：

$$I\left[\frac{W}{sr}\right] = r^2 S\left[\frac{W}{m^2}\right]$$

3）分贝

分贝（dB）用于将一个变量与另一个变量进行比较。它的定义是被比较的 2 个变量的比率对数的 10 倍。

$$dB = 10\lg\frac{P_2}{P_1}$$

因此，对于比 P_1 大 1000 倍的功率 P_2，结果是 30dB。表 4.1 是一些常见的从功率比到分贝的转换。

表 4.1 从功率比到分贝的转换

$\frac{P_2}{P_1}$	10^x	dB
1	10^0	0
2	$10^{0.3}$	3
10	10^1	10
100	10^2	20
10 000	10^4	40
0.5	$10^{-0.3}$	−3
0.1	10^{-1}	−10
0.01	10^{-2}	−20
0.001	10^{-3}	−30

需要注意的是，分贝不是一个单位，因为两个变量的单位相同且会抵消。但是，分贝的概念可以用作具有组成单元的参数（如功率）的单位。

4）功率：dBm 或 dBW

如果将比率定义为与固定参考值 P_1 进行比较，那么我们就得到了一个单位。例如，dBm 以对数表示相对于毫瓦的功率单位；类似地，dBW 是以对数表示的相对于瓦特的功率单位。

（1）dBm：如果使用 P_1=1mW 作为参考值，则 P_2 以 dBm 表示。

（2）dBW：如果使用 P_1=1mW 作为参考值，则 P_2 以 dBW 表示。

5）辐射方向图

天线最重要的特性之一就是辐射方向图。它指的是辐射的相对幅度作为方向的函数。天线辐射方向图 f_n 的计算方程是在由仰角和方位角（θ,ϕ）确定的方向上的辐射功率除以最大功率得到的归一化结果。

$$f_n(\theta,\phi) = \frac{P(\theta,\phi)}{P_{\max}}$$

称之为归一化方向图。因此，最大幅度为 1 或 0dB。方向图可以以二维（2-D）或三维（3-D）显示，将其定义为距离天线足够远的距离，在一个称为远场的区域中。关于远场的概念将在本章的后续部分介绍。

6）二维图

在极坐标系绘制的二维天线方向图易于理解和描述，但也可以在直角坐标系中绘制，如图 4.5 右侧的绘图所示。在直角坐标系下，它可以从不同的角度呈现，例如从顶部或侧面。在二维绘制时，通常与电场方向一致的平面绘制，称为 E 面。与之相反，H 面包含磁场矢量（图 4.6）。

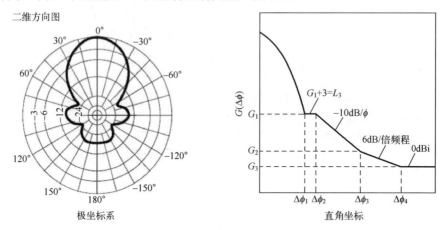

图 4.5　以二维方式绘制的天线辐射方向图

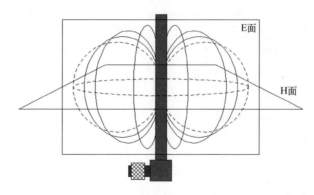

图 4.6　描绘单极子天线的 E 面和 H 面天线图

7）天线方向图示例（图 4.7）

天线方向图可以有多种形状。形状表示是功率的方向。有些天线将功率集中在一个特定的方向上，而另一些天线则是全向的，即能够向周围的各个方向发送相等的功率。根据具体的应用需求设计或选择天线方向图和天线类型。

8）远场

远场（FF）的定义是天线发射的电磁场可以近似为平面波的区域。无线电波的大多数应用都处于远场。远场的无线电波方程比近场的方程要简单得多。

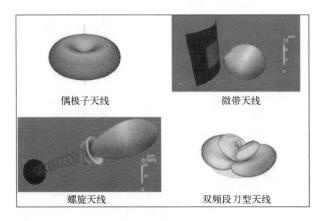

图 4.7　天线方向图示例

远场的计算公式如下：

$$r_{\text{ff}} \geq \frac{2D^2}{\lambda}$$

式中：D 是天线的最大物理尺寸，可以是碟形天线的直径，也可以是偶极子天线的长度（请注意 D 还用于表示另一个天线变量，即方向性，我们将在后续章节讨论，因此需要注意使用此变量的上下文）；λ 是中心工作频率所对应的在空气中的波长。

9）各向同性天线

各向同性天线是一种假设的天线，在现实生活中并不存在，但它非常重要，因为它被用作真实天线的测量基准。

各向同性天线定义为占据空间可忽略的点源。它没有方向倾向，因此辐射方向图为球形。

天线方向图通常以 dBi 为单位进行测量，表示相对于各向同性天线的分贝值。

10）天线增益或方向性

所有实际天线都会在某些方向上的辐射比各向同性天线多，而在另一些方向上的辐射则相对少一些（图 4.8）。

天线的方向性衡量的是其将功率集中在特定方向上的能力。增益 G 与方向性相似，但它考虑了由于电流在天线结构上传播产生热量而引起的天线损耗（欧姆损耗）。

$$D = \text{以dBi表示的天线方向性} = 10\lg\left(\frac{P}{P_{\text{各向同性天线}}}\right)$$

对于理想天线，增益与方向性相等。

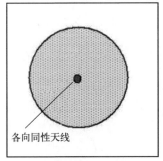
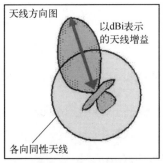

(a) 各向同性方向图　　　　(b) 常规(真实)天线方向图与
　　　　　　　　　　　　　　各向同性天线方向图的比较

图 4.8　常规（真实）天线方向图及各向同性天线方向图的比较（见（b）图）

一般来说，某个方向上的增益计算公式如下：

$$G(\theta) = \frac{P(\theta)}{P_{\max}/4\pi}$$

然而，通常当人们谈论天线增益时，除非另有说明，否则都是指主瓣方向的最大增益。

11）天线效率

如前所述，对于理想天线，增益等于方向性。而对于非理想天线，我们则需计算天线效率。天线效率是馈入天线接收端口的功率与实际辐射的功率（图 4.9）之比。

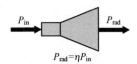

图 4.9　天线效率

天线效率可根据辐射电阻和损耗电阻计算得出的，公式如下：

$$\eta = \frac{R_{\mathrm{rad}}}{R_{\mathrm{rad}} + R_{\mathrm{loss}}}$$

需要注意的是，下式中的大写字母 D 表示方向性，但它也用于描述天线的最大尺寸，因此请谨慎并确保知道不同公式中所指的是哪个参数。

增益与方向性之间的关系可通过下式计算：

$$G = \eta D$$

式中：η 是天线的效率。

12）基于分贝的计量单位：dBi 或 dBd

天线方向图通常以 dBi 表示，即实际天线增益与各项各向同性天线增益的对数比值，各向同性天线增益在所有方向上都等于 1。

$$\text{天线增益或以dBi表示的天线方向性} = 10\lg\left(\frac{P}{P_{\text{各向同性天线}}}\right)$$

但在某些情况下，天线增益表示为其与半偶极子天线（或 dBd）的比值，半偶极子天线增益为 1.64。

$$\text{天线增益或以dBd表示的天线方向性} = 10\lg\left(\frac{P}{P_{\text{半偶极子天线}}}\right)$$

在计算天线增益时要确认采用的是哪种表达式，因为 10lg(1.64)=2.15，这使得通过两个表达式得出的增益不同，差值如下式所示：

$$G_{\text{dBi}} = G_{\text{dBd}} + 2.15$$

通常，归一化处理天线方向图，以便只看到它的形状和旁瓣位置。在这种情况下，最大增益为 1，即 0dB。

13）旁瓣和后瓣

旁瓣是除主瓣以外的天线方向图增益中的峰值，位于主波瓣两侧。后瓣指向天线的后方，与主瓣方向相反（图 4.10）。旁瓣和后瓣都会增加射频干扰风险或导致不必要的功率损失。这些波瓣在设计天线或天线阵列时非常重要，可通过对它们的优化设计最小化或减轻 RFI，对此将在第 12 章中讨论。

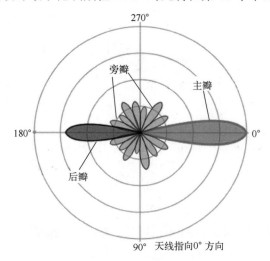

图 4.10 天线辐射方向图

14）半功率波束宽度（HPBW）

主瓣两侧两点之间的角度（增益为最大值的一半）称为波束宽度或半功率波束宽度，缩写为 HPBW，如图 4.11 所示。可以通过求解天线方向图函数得到：

$$f_n(\theta,\phi) = 0.5$$

例如，如果天线辐射方向图具有余弦形状，该形状由 θ 中的 8 次幂给出，并且与 ϕ 无关，则求解表达式 $f_3(\theta) = \cos^8\theta = 0.5$ 得到 $\theta = 23.5°$。因此，波束宽度将是该值的两倍（最大值左右每侧各 23.5°），即 HPBW = 47°。

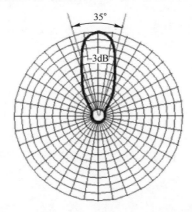

图 4.11　半功率波束宽度（HPBW）定义

天线增益与 E 面和 H 面上 HPBW 之间的近似关系由下式给出，其中 HPBW 以弧度表示。

$$G_{max} = \frac{4\pi}{\text{HPBW}_E \text{HPBW}_H}$$

从上述方程可以看出，波束宽度越小，增益越高。高方向性天线具有非常小的波束宽度。例如，对于在 E 面和 H 面上相等的 HPBW 为 35°（HPBW = 35π/180），增益将为 33.7dB 或 15dB。

尽管真正的天线没有与此完全相同的方向图，但这是几种孔径天线的辐射方向图很好近似。

对于典型的笔形波束方向图，例如喇叭或抛物面天线（图 4.12），HPBW 可以近似为

$$\text{HPBW} = 70°\frac{\lambda}{D}(°) \text{笔形波束方向图}$$

式中：D 是天线的最大横截面尺寸。

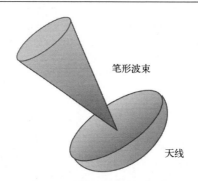

图4.12 理想天线图案笔形波束光束

例如,对于 $\frac{D}{\lambda}=5$ 的天线,HPBW 近似为 70/5=14°(增益23dB)。对于宽带为其两倍的天线 $\frac{D}{\lambda}=10$,波束宽度减至 7°,则增益升至29dB。同样道理,如果保持天线尺寸不变,增加工作频率(与 λ 相反),则增益也会相应增加。

抛物面天线(图4.13)和球形天线拥有高方向性的天线方向图,具有高增益和小波束宽度的特点,其波束有时近似于铅笔波束。

图4.13 加利福尼亚州 CARMA(毫米波天文学研究组合阵)望远镜的抛物面天线

4.2.1 ITU-R 相关文件

ITU-R 有几份文件与天线有关。例如,ITU-R S1428 建议书,题为"用于在 10.7GHz 和 30GHz 之间的频带内涉及非 GSO 卫星的干扰评估的参考 FSS 地球站的辐射方向图"。它提供了典型 GSO 地球站天线的方程式。

$$G(\varphi) = G_{\max} - 2.5 \times 10^{-3} \left(\frac{D}{\lambda}\varphi\right)^2 \text{ (dBi)}, \quad 0 < \varphi < \varphi_m$$

$$G(\varphi) = G_1, \quad \varphi_m \leqslant \varphi < \left(95\frac{\lambda}{D}\right)$$

$$G(\varphi) = 29 - 25\lg\varphi \text{ (dBi)}, \quad 95\frac{\lambda}{D} \leqslant \varphi \leqslant 33.1°$$

$$G(\varphi) = -9 \text{ (dBi)}, \quad 33.1° < \varphi \leqslant 80°$$

$$G(\varphi) = -4 \text{ (dBi)}, \quad 80° < \varphi \leqslant 120°$$

$$G(\varphi) = -9 \text{ (dBi)}, \quad 120° < \varphi \leqslant 180°$$

式中：D 为天线直径；λ 为波长，以相同单位来表示[①]；φ 为天线的轴外角（°）；$G_{\max} = 20\lg\left(\frac{D}{\lambda}\right) + 7.7$（dBi）；$G_1 = 29 - 25\lg\left(95\frac{\lambda}{D}\right)$；$\varphi_m = \frac{20\lambda}{D}\sqrt{G_{\max} - G_1}$（°）。

需要注意的是，增益因天线的轴外角 φ 的取值不同而不同。图 4.14 为 $D/\lambda = 10$ 时的天线方向图。

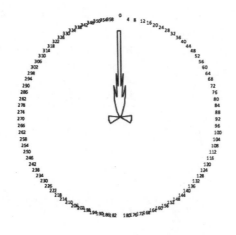

图 4.14 $D/\lambda = 10$ 时的天线方向图

另一个例子是 ITU-R RS.1813 建议书。它给出了以下星载无源传感器平均天线方向图计算方程，用于该方程适用于天线直径大于波长2倍的情况。

对于 $0° \leqslant \varphi \leqslant \varphi_m$，$G(\varphi) = G_{\max} - 1.8 \times 10^{-3}\left(\frac{D}{\lambda}\varphi\right)^2$

对于 $\varphi_m < \varphi \leqslant 69°$，$G(\varphi) = \max\left[G_{\max} - 1.8 \times 10^{-3}\left(\frac{D}{\lambda}\varphi\right)^2, \ 33 - 5\lg\left(\frac{D}{\lambda}\right) - 25\lg(\varphi)\right]$

---

① D 是非对称天线的等效直径。

对于 $69°<\varphi \leqslant 180°$，$G(\varphi) = -13 - 5\lg\left(\dfrac{D}{\lambda}\right)$

下面这些国际电联建议书与一些应用的天线设计和技术特性相关。

（1）Rec ITU-R S.672——在使用对地静止卫星的卫星固定业务中用作设计指标的卫星天线辐射方向图。

（2）Rec ITU-R S.1528——在使用非对地静止卫星的 30GHz 以下频段卫星固定业务中卫星天线辐射方向图。

（3）Rec ITU-R S.580——用于对地静止卫星运行的地球站天线设计目标的辐射方向图。

（4）Rec ITU-R RS.1861——使用分配在 1.4GHz 和 275GHz 之间的地球探测卫星业务（无源）系统的典型技术和操作特性。

（5）Rec ITU-R S.1428——用于在 10.7GHz 和 30GHz 之间的频带内涉及非 GSO 卫星干扰评估的参考 FSS 地球站的辐射方向图。

（6）Rec ITU-RRS.1813——用于 1.4~100GHz 频率范围内兼容性分析的卫星地球探测业务（无源）中的无源传感器的参考天线方向图。

这些建议详细描述了各种不同应用中所使用的天线类型。

1）天线阻抗（图 4.15）

从信号源的角度看，天线作为阻抗 Z_A 的负载连接到线路中。

图 4.15　天线阻抗概念示意图

当天线连接到系统的另一部分（例如连接到信号源的同轴电缆）时，它的性能与任何其他电气无源负载一样，因此被视为阻抗。通常而言，天线的阻抗是复数。

$$Z_A = (R_{rad} - R_L) + jX_A$$

天线阻抗的实部是辐射电阻加上欧姆电阻的总和。欧姆电阻代表功率损耗，通常是由天线金属部件上的传导电流引起。虚部 X_A 是阻抗的电抗部分，代表存储在电磁场中的能量，而不是传输的能量。理想情况下，R_L 和 X_A 都近似为零。天线的复阻抗 Z_A 是针对特定工作频率计算的，因此它与天线在所用波长的电气长度有关。如果远离中心频率，则阻抗随之发生变化。

好的设计旨在使天线与其他组件相匹配，这样最大限度地减少每个接口的阻抗差异，最大限度地减少反射，最小化驻波比（SWR），从而最大限度地提高通过天线系统每个部分的传输功率。

2) 天线极化

天线极化的定义是天线主波束的中心部分（最大辐射方向）发射或接收电磁波的电场强度方向（见第 5.1.2 节）。电离层对信号极化的影响无法预知，因此，对于那些通过电离层反射传播的信号，极化并不十分重要。但是，对于视距通信，发射机和接收机使用的极化方式是否一致，会对信号质量产生巨大的差异。

从理论上讲，可以采用收发同频正交极化方式收发信号，例如垂直（V）和水平（H），以避免或最小化干扰。但实际上，可能仍然会存在一定程度的干扰，因为发射机内的振荡器非理想特性，导致垂直极化天线会存在较小的水平极化分量；反之亦然。最常用的极化是垂直、水平和圆极化，如第 5.1.2 节所述。为了在两个天线之间实现最佳功率传输，它们应具有相同的极化方式。

垂直极化接收天线可从垂直极化发射天线接收到最大功率，理想情况下，水平极化接收天线不会接收垂直极化发射天线的任何功率。类似地，右旋圆（RHC）极化接收天线可从右旋圆极化发射天线接收到最大功率，理想情况下，接收不到左旋圆（LHC）极化发射天线的任何功率。

3) 天线带宽

天线的带宽是天线工作的有效频率范围，通常以工作频率为中心。如果将频率更改为远离设计的中心频率，则天线的性能将发生变化，包括反射功率增加而导致传输功率减少。天线性能可以在网络分析仪的史密斯图上观测，或在驻波比（SWR）图以及在 S_{11} 参数与频率关系图上观测。

4) 有效面积

我们如何测量接收天线从入射波中提取的能量呢？答案是通过天线的有效面积。天线的有效面积定义为入射功率密度（单位 W/m^2）与接收功率（单位 W）的比值。有效面积的单位是平方米（m^2）。天线的有效面积与天线的物理横截面积有很大不同，并且取决于许多其他因素，例如天线结构的材料和几何形状等。

$$A_e = \frac{P_{接收}}{P_{入射}} = \frac{\lambda^2 G}{4\pi}$$

例：如果需要增益为 40dB，意味着需要功率为 $10^{40/10} = 10000W$，那么如果雷达分别在 S 波段（2.5GHz）、X 波段（10GHz）和 W 波段（95GHz）工作，天线有效面积分别是多少？

基于上述公式计算可知：

(1) S 波段（2.5GHz）：12。
(2) X 波段（10GHz）：0.7。
(3) W 波段（95GHz）：0.008。

结果表明要获得相同的增益，频率越高，天线尺寸越小。

天线有效面积可以用天线的物理横截面积来表示。对于直径为 $d = 2r$ 的圆形横截面天线，有效面积 $A_e = \eta(\pi r^2)$，可以由求解前面的增益方程得到：

$$G = \eta \pi^2 \left(\frac{df}{c}\right)^2$$

式中：对于天线效率 η，我们考虑了天线物理面积和有效面积之间的差异。

4.3 天 线 阵

天线阵采用多个彼此同步天线，以提高系统性能。与单个天线相比，天线阵具有多种优势，例如：

(1) 提供了更大的增益和更好的方向性。
(2) 最小化旁瓣。
(3) 不需移动天线即可将天线方向图主瓣指向特定方向。
(4) 减少了 RFI。

4.3.1 方向图乘积原理

采用 N 个相同天线阵元构成的 N 阵元的天线阵，可以产生如下式所示的电场：

$$E(r) = [\text{天线单元方向图}][\text{阵列因子}]$$

方向图乘法原理指出，对于 N 个相同天线组成的天线阵，阵列的辐射方向图是单个天线的方向图与阵列因子（AF）的乘积。阵列因子取决于：

(1) 天线数量 N。
(2) 馈送每个天线的电流的幅度和相位。
(3) 天线阵列的几何构型。

这一原理可以让设计者暂时不必过于关注天线阵元的类型，而专注于阵列的几何构型和功率设计，以实现所需的阵列因子。有了阵列因子后，就可以选择天线阵元，并将阵列因子乘以所选天线阵元的方向图（图 4.16），以获得天线组或天线阵的方向图。这相当于首先处理方向图为 1 的各向同性天线阵列，也就是说：

$E(r)=$[天线单元方向图][阵列因子]=[1][AF] = AF

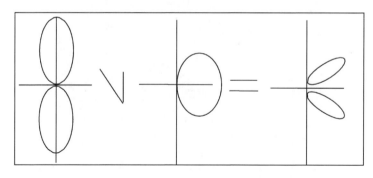

图 4.16　天线阵元方向图乘积示意图

典型电流振幅分布包括二项式分布、均匀分布和多尔夫-契比雪夫（Dolph-Tschebyscheff）分布。通过控制馈送到每个天线阵元的电流幅度分布，可以实现对旁瓣电平和数量的控制。通过控制天线阵元之间的相移，可以实现对天线阵主瓣指向的控制。通过控制天线之间的间距，可以实现对旁瓣数量和主瓣波束宽度的控制。

天线阵可以小到几毫米，也可以大到使用来自世界各地的多个天线。天线阵可以是不同构型的，如一排天线；也可以是平面的，如矩阵一样；或任何其他几何构型。部分天线阵示例如图 4.17 至图 4.20 所示。

图 4.17　美国新墨西哥州索科罗县西部的卡尔·央斯基（Karl G. Jansky）超大天线阵的俯视图（源自：NRAO/AUI/NSF）

图 4.18 由介电基板支撑的平滑金属贴片组成的天线阵(源自:NASA JPL, https://scienceandtechnology.jpl.nasa.gvv/all-metal-patch-array)

图 4.19 卡尔·央斯基(Karl G. Jansky)超大天线阵的夜视图(背景是银河系)

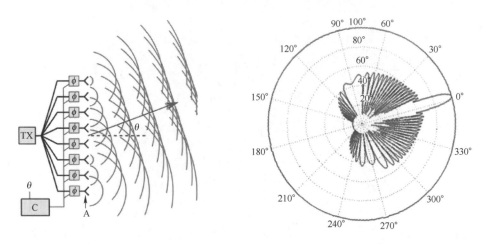

图 4.20 带有移相器的天线阵(每个天线阵元都可以通过电压信号进行控制,以便在不移动天线的情况下调整天线方向图主瓣指向)

第4章 天　线

为了在不移动天线的情况下调整方向图的主瓣指向，可以通过电压信号控制每个天线阵元处的移相器，对馈送给每个天线阵元的电流增加相对相位。生成的主瓣将相应地改变其指向方向。这种方向图调整方式称为电子扫描阵列。天线阵列设计的深层理论不在本书的讨论范围，更多细节可以在关于该主题的教科书中找到。

一个名为事件视界望远镜（Event Horizon Telescope，EHT）的大型天线阵由世界各地的八个射电望远镜组成，最近发布了第一张黑洞图像。EHT 采用超长基线干涉测量（VLBI）技术，能够使位于世界各地的望远镜同步，并利用地球的自转在 230.8GHz 的频率下获得 20μrad 的分辨率。相当于拥有一个孔径与地球本身一样大的望远镜！

图 4.21 所示照片于 2019 年 4 月由美国国家科学基金会的研究人员发布。超过 200 名科学家参与了这项研究工作。涉及的望远镜包括赫兹望远镜（ARO/SMT）、阿塔卡马探路者实验（APEX）、阿塔卡马亚毫米望远镜实验（ASTE）、毫米波天文学研究用组合阵列（CARMA）、加州理工学院亚毫米天文台（CSO）、IRAM 30m 望远镜（IRAM）、麦克斯威尔望远镜（JCMT）、大型毫米波望远镜（LMT）、亚毫米波阵列望远镜（SMA）、阿塔卡马大型毫米波/亚毫米波阵列（ALMA）、北方扩展毫米阵列（NOEMA）和南极望远镜（SPT）。

图 4.21　第一张黑洞图像

其中一些望远镜本身就是天线阵。数据由马克斯·普朗克射电天文学研究所和麻省理工学院海斯塔克天文台的超级计算机合成处理。该项工作成功地将无线电频谱用于射电天文学，且富有成效地实现了国际合作。

第 5 章 链路预算和雷达方程

本章将介绍链路功率预算公式，也称为弗里斯传输公式，这对于各类无线通信都是必不可少的。此外还将介绍雷达方程，该方程已在科学和民用领域中得到大量应用，例如汽车防撞雷达、警用测速枪和地球遥感等。

对于任何通信链路而言，接收到的功率取决于发射机到接收机的距离、工作频率以及许多其他因素，例如：

（1）发射功率。
（2）链路方向上的天线增益。
（3）自由空间传播路径损耗。
（4）发射机的噪声温度。
（5）接收机损耗。
（6）大气传播损耗。

由发射机和接收机组成的基本通信链路如图 5.1 所示。

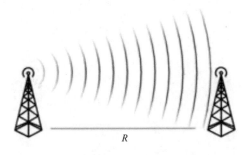

图 5.1 由发射机和接收机组成的基本通信链路（距离 R）

5.1 链路预算公式

一个天线从距离为 R 的另一个天线接收的功率，可以使用链路功率预算公式来计算。公式如下：

$$P_r = \frac{P_t G_r G_t \lambda^2}{(4\pi R)^2 L}$$

式中：P_r 表示接收功率（单位 W）；P_t 表示发射功率（单位为 W）；G_r 表示接收天线增益（无单位）；G_t 表示发射天线增益（无单位）；λ 表示自由空间中信号的波长，$\lambda = c/f$（单位 m）；R 表示接收机和发射机之间的距离（单位 m）；L 表示系统损耗（无单位）。

基于该公式可以计算出任何通信链路中的总接收功率。通常波长以 cm 或 mm 为单位，距离以 km 为单位。在单位的使用中保持一致很重要，因为这样它们可以正确抵消。需要注意的是，接收功率随距离的平方和频率的平方成反比，这表明接收功率随距离和频率的增加而减小。通信链路影响接收功率的因素如图 5.2 所示。

图 5.2 通信链路影响接收功率的因素

链路功率预算方程通常也以分贝形式表示为

$$P_r = P_t + G_t + G_r - 20\lg\left(\frac{4\pi R}{\lambda}\right) - 10\lg(L)$$

式中：P_r 为接收功率（单位 dBW 或 dBm）；P_t 为发射功率（单位 dBW 或 dBm）；G_r 为接收天线增益（单位 dB 或 dBi）；G_t 为发射天线增益（单位 dB 或 dBi）；λ 为自由空间中信号的波长，$\lambda = c/f$（单位 m）；R 为接收机和发射机之间的距离（单位 m）；L 为系统损耗（单位 dB）。

需要注意的是，与距离和自由空间波长（频率）相关的自由空间传播损耗定义如下：

$$L_{fs} = \left(\frac{4\pi R}{\lambda}\right)^2$$

以 dB 形式表示如下：

$$L_{fs} = 20\lg\left(\frac{4\pi R}{\lambda}\right) = 20\lg\left(\frac{4\pi f R}{c}\right)$$

使用因子 20lg 而不是 10lg，是因为表达式是平方的，因此指数乘以因子 10。通过计算上式，可以得到如下自由空间损耗表达式：

$$L_{fs} = 32.4 + 20\lg f + 20\lg R$$

式中：f 是以 MHz 为单位的频率；R 是以 km 为单位的距离。详见题为"自由空间衰减的计算"的 ITU R-REC-P.525 建议书。

将上式用于两个常见的 Wi-Fi 频率，可以得到如图 5.3 所示的结果。

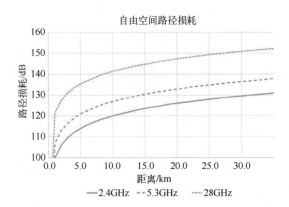

图 5.3　常见 Wi-Fi 频率（2.4GHz 和 5.3GHz）自由空间路径损耗（35km 距离内）

图 5.3 给出了目前用于 Wi-Fi 的两个频率（即 2.4GHz 和 5.3GHz）在最远距离 35km 范围内的自由空间路径损耗。此外，图中还绘制了 28GHz 频率的自由空间损耗，这是拟用于 5G 移动通信的频率。需要注意的是，在相同传输距离下，5.3GHz 频率相对 2.4GHz 频率增加了 6.9dB 的额外损耗。这就是 5.3GHz 频率 Wi-Fi 的覆盖范围比更常见的 2.4GHz 频率 Wi-Fi 的覆盖范围小得多的原因。

由于自由空间路径损耗，28GHz 频率比 2.4GHz 频率额外多 14.5dB 损耗，这是未考虑该频率因水蒸气共振而导致额外损耗的情况。

5.1.1　地面天线与卫星间距离

当通信链路位于卫星和地球上的天线之间时，需要计算出天线与卫星的等效距离或斜距，进而可以估计自由空间传输损耗。斜距由下式近似计算：

$$R_{斜距} = R_E \left[\sqrt{\frac{(H+R_E)^2}{R_E^2} - \cos^2\alpha} - \sin\alpha \right]$$

式中：H 表示卫星轨道高度；α 表示以水平方向为基准的仰角；R_E 表示地球的半径，等于 6371km。

1）近地轨道卫星的最大斜距

对于具有椭圆轨道的低地球轨道（LEO）卫星（图 5.4），必须基于最恶劣情况计算最大斜距。

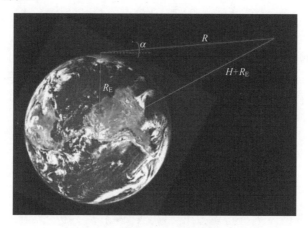

图 5.4 低地球轨道（LEO）

最坏的情况是卫星具有最低的仰角，并且指向其椭圆轨道长轴的方向。卫星在高度 H 最小仰角 α 处的最大斜距由下式给出。

$$R_{\max} = -R_E \sin\alpha + \sqrt{(R_E \sin\alpha)^2 + H^2 + 2R_E H}$$

2）等效全向辐射功率

与天线相关的另一个非常有用的概念是等效全向辐射功率（缩写为 EIRP 或 e.i.r.p.）。如前所述，理想的各向同性天线在所有方向上均匀辐射。因此，对于现实中的天线，将 e.i.r.p 定义为发射功率与天线增益的乘积。使用此定义，我们可以将通信链路的接收功率表示为

$$P_r[\text{dBW}] = \text{e.i.r.p.} + G_r - L_{总}$$

式中

$$\text{e.i.r.p.}(线性) = P_t \cdot G_t$$

$$\text{e.i.r.p.}[\text{dBW}] = P_t[\text{dBW}] + G_t[\text{dB}]$$

3）链路预算公式中的损耗

本节将详细分析通信链路中的损耗。损耗可能是由多种因素造成的，例如云雾衰减、电子加热、器件连接处反射以及其他因素等。

$$P_r = \frac{P_t G_t G_r}{L_a L_t L_r L_{fs} L_m L_p} = \frac{\text{e.i.r.p.} G_r}{L_a L_t L_r L_{fs} L_m L_p}$$

式中：L_a 为大气衰减（空气、降水、电离层）损耗；L_t 为发射机损耗；L_r 为接收机损耗；L_{fs} 为自由空间传输损耗；L_m 为天线失配和其他损耗；L_p 为极化失配损耗。

需要注意的是，在一些特定情况下可能会有额外的损耗。比如在降雨期间，需要考虑湿的天线罩所带来的额外损耗。

4）链路预算公式的对数形式

链路预算公式通常以对数/分贝形式表示。在这种情况下，接收功率是发射功率（单位 dBW 或 dBm）与增益（单位 dB 或 dBi）相加后，减去损耗得到的数值。接收功率有时也称为载波信号（缩写为 C）或简称为信号（缩写为 S）。

$$P_r[\text{dB}] = S = C = \text{e.i.r.p.} + G_r - L_a - L_t - L_{fs} - L_r - L_p - L_m$$

式中（各项都以 dB 为单位）：L_a 为大气衰减（空气、降水、电离层）损耗；L_t 为发射机损耗（$=10\lg L_t$）；L_r 为接收机损耗；L_{fs} 为自由空间传输损耗 $\left(=20\lg\left(\dfrac{4\pi R}{\lambda}\right)^2\right)$；$L_m$ 为天线失配和其他损耗；L_p 为极化失配损耗；S/C 为信号/载波功率。

链路预算公式也可以用天线孔径面积表示为

$$P_r = \dfrac{P_t A_r A_t}{\lambda^2 R^2 L}$$

上式是将接收机和发射机天线增益由下述等效天线孔径与增益关系替换而得到的。

$$A_e = \dfrac{\lambda^2 G}{4\pi}$$

$$G = \eta \pi^2 \left(\dfrac{df}{c}\right)^2$$

有效孔径考虑了天线效率。根据天线类型的不同，天线效率值通常在 20%～70%（-7～-1.5dB）之间。

5.1.2 极化类型

由上节可知，通信系统的损耗之一是由于极化失配引起，为此在本节介绍无线电波极化的概念。无线电波的极化是根据波的电场分量在空间传播时的轨迹线来定义的。

通信和科学研究传感器常用的极化类型是线极化（LP），其含义是从后端看，无线电波沿着一条线传播（在幅度轴上像正弦波一样），如图 5.5 所示。线极化通常分为垂直（V）极化和水平（H）极化，但实际上可以以任意角度传输。

其他常见的极化类型包括圆形(CP)和椭圆极化(EP)，两者都可以是右旋(RHC或RHE)极化或左旋(LHC或LHE)极化。

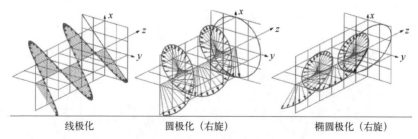

图 5.5　常见的电磁波极化类型

正交极化定义为极化的互补状态，例如，垂直极化的正交极化是水平极化，右旋圆极化的正交极化是左旋圆极化。电磁波在空间中传输的极化状态，可以表示为任意两个正交极化的总和，例如垂直极化分量和水平极化分量。然而，自然电磁辐射是没有极化的，即非极化，这意味着它的极化状态是从一种极化到另一种极化随机变化。

电磁波的极化方式会因多种因素改变。例如，雨滴是扁形的，而不是球形的，因此电磁波穿过降雨区域时，一个极化分量可能比另一个极化分量衰减得多，从而导致去极化。其他因素，如电离层、多径效应、散射和大气折射率变化等也会产生类似的效果，导致电磁波的去极化。

导致电磁波去极化的常见因素如下。

（1）雨：由于雨滴是扁的，它们会对穿过积雨云的电磁波造成衰减，去极化效应取决于电磁波的入射极化方向是否与其传播路径上雨滴的平均轴线一致。

（2）电离层：电磁波与电离层中的等离子体相互作用，产生极化面相对于入射波的旋转，即法拉第旋转效应。

（3）天线极化旋向：如果天线未精确匹配，极化失配会产生额外的损耗。

（4）其他因素：多重散射（多径效应）、对流层交叉极化以及大气折射率的变化，导致电磁波慢衰落和闪烁。

针对空间距离较近且以相同频率工作的卫星，可以使用正交极化对（如 V 和 H，或 RHC 和 LHC）减少相互干扰的风险。从理论上讲，使用正交极化可以使通信链路容量加倍，但实际上，在接收时可能会产生交叉极化干扰。交叉极化干扰通过交叉极化鉴别度（XPD）来衡量，定义为主极化（co-pol）的电场与正交或交叉极化（X-pol）的电场的比值。

$$\text{XPD} = 20\lg\frac{E_{\text{copol}}}{E_{\text{xpol}}}$$

或以分贝为单位表示为如下形式：

$$XPD[dB] = P_{copol}[dBW] - P_{xpol}[dBW]$$

天线 H 面和 E 面的主极化和交叉极化如图 5.6 所示。

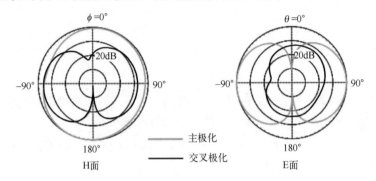

图 5.6　天线 H 面和 E 面的主极化和交叉极化（图源自 CC BY—SA）

有关 H 面和 E 面的定义见 4.2 节。极化失配损耗的更多详细信息参见 ITU-R S.736 建议书，标题为"在计算固定卫星业务中静止卫星网络之间干扰时对极化判别的估计"。

5.1.3　链路预算计算示例

本节将介绍通信系统链路预算的计算示例，并通过示例介绍信噪比（S/N）和噪声功率等概念。链路预算的目的是确定接收机是否能够检测到发射信号。如果能够检测到信号，我们将此通信链路称为闭合链路。

示例如下，某无线电设备工作频率是 24.20GHz，发射功率 1W，发射机的调制损耗为 5.6dB，同轴电缆带来的额外损耗为 0.75dB，主要参数如表 5.1 所示。

表 5.1　发射功率计算参数

参数	值	分贝值	单位
频率	24.2		GHz
发射机（Tx）			
发射机功率	1	30	W，dBm
调制损耗		5.60	dB
传输线损耗		0.75	dB
传输功率		23.65	dBm

首先,为方便计算,将发射机功率转换为对数形式,计算得到发射功率为 30dBm。

$$P_t = 1W = 1000mW = 10^{\frac{30}{10}} mW = 30 \text{ (dBm)}$$

然后用该值减去损耗,得到总的发射功率:

$$P_t = 30 - 5.6 - 0.75 = 23.65 \text{ (dBm)}$$

当以分贝为单位计算时,加法等同于乘法,而减法实际上是除法。所以功率损耗因子总是被减去,而增益则被加上。

需要注意的是,不能将单位同为 dBm 的两个数值相加,因为加法在常规单位计算时实际上是乘法。只能单位为 dB 或 dBi 的数值加减到 dBm 或 dBW 上,因为前者是无单位的,只有后者有单位。

接下来,为了计算 e.i.r.p.,就需要知道发射机天线的增益。假设使用直径为 0.22m、效率为 55%的碟形天线,基于天线增益计算公式可得到天线增益为 1710,即 32.33dBi。因此,e.i.r.p.等于发射功率(单位 dBm)与天线增益(单位 dBi)之和,即 55.98dBm(表 5.2)。

表 5.2 通信系统中的发射机参数

参数	值	分贝值	单位
发射功率		23.65	dBm
发射天线			
碟形天线直径	0.22		m
天线效率	0.55		无
增益	1710	32.33	dBi
e.i.r.p.		55.98	dBm

假设发射机位于 60000km 高度的卫星上,仰角为 45°,并且部分路径正在下雨,因此除了大气损耗(本例中假设为 2.6dB)外,降雨衰减损耗为 7.6dB。使用基于 5.1.1 节公式,可得到星地斜距为 66026km。

$$\begin{aligned}L_{bf} &= 32.4 + 20\lg f + 20\lg R \\ &= 32.4 + 20\lg(24200) + 20\lg(66026) \\ &= 216.51 \text{ (dB)}\end{aligned}$$

因此,自由空间路径损耗为 216.51dB。

表 5.3 列出通信系统中的传播参数。需要注意的是,即使 L_{bf} 没有负号,也要从 e.i.r.p.中减去,因为它代表的是损耗。此外还需要减去大气损耗(2.6dB)和雨衰损耗(7.6dB),总损耗为 216.51dB+ 2.6dB + 7.6dB = 226.71dB。

表 5.3 通信系统中的传播参数

参数	值	分贝值	单位
卫星高度	60000		km
仰角	45		(°)
距离(斜距)	66026		km
自由空间路径损耗		216.51	dB
大气损耗	1710	2.6	dB
雨衰损耗		7.6	dB
总路径损耗		226.71	dB

表 5.4 列出通信系统中的接收机参数。假设接收机有 2.6dB 的损耗(包括传输线损),接收机的天线直径为 0.3m,效率为 55%。天线的接收增益可以由 35.02dB 减去极化损耗算得,在本例中极化损耗为 3dB,这样在接收机处共产生 32.02dB 的有效增益。

表 5.4 通信系统中的接收机参数

参数	值	分贝值	单位
接收机			
接收损耗	2.6		dB
天线直径	0.3		m
天线效率	0.55		无
增益	3179	35.02	dB
极化损耗		3	dB
接收机有效增益		32.02	dB

将接收机增益与发射 e.i.r.p.相加,并减去损耗,得到的总接收功率如下:

$$P_r = \text{e.i.r.p.} - L + G = -138.7\text{dBm}$$

表 5.5 列出通信系统中接收的功率概算。

这等于 $10^{(-138.7/10)} = 1.35 \times 10^{-14}$ mW!接收功率很小吧?

第5章 链路预算和雷达方程

表 5.5 通信系统中接收的功率概算

概算	分贝值	单位
e.i.r.p.	56	dB
总损耗	226.7	dB
接收增益	32	dB
链路余量		
接收功率	-138.7	dB

为验证系统能否检测到该量级的接收功率,需要计算被测信号功率与噪声功率的比值,即信噪比(S/N)。信噪比由信号的平均功率除以系统中热噪声的平均功率得到。因此,为计算 S/N,首先需要得到接收机产生的噪声功率 N。

基于3.2.2节的普朗克定律和瑞利-琼斯定律可得:

$$P_N = N = kTB$$

式中:N 或 P_N 是接收机热噪声引起的等效噪声功率;k 是玻耳兹曼常数,等于 1.38×10^{-23} J/K;T 是接收机的等效噪声温度,以 K 为单位;B 即 BW,是系统的带宽。

为了确定系统是否能够检测到接收功率,将接收功率与接收机的噪声功率进行比较。通常信号至少要比噪声大10倍才满足条件。这相当于需要至少10dB的信噪比,具体取决于不同的应用需求。

表5.6列出通信系统中的噪声功率。对于本例而言,小于10dB的信噪比就足够了。基于上述公式可以计算出带宽2000MHz和接收机噪声温度1900K条件下,接收机的噪声功率为-102.9dBm。

$$P_N = N = (1.38 \times 10^{-23}) \times 1900 \times (2000 \times 10^6) = 5.2 \times 10^{-11}$$

表 5.6 通信系统中的噪声功率

参数	值	分贝值	单位
接收机噪声			
接收机带宽	2000		MHz
噪声温度	1900		K
噪声功率	5.2×10^{-11}	-102.9	dBm

通过链路预算可以验证信号(载波)功率是否大于接收机的噪声功率。本例中信噪比为-35.8dB,这意味着接收机无法检测到接收到的功率。因为链路余

量小于零（为负值），所以链路不是闭环的。如表 5.7 所示。

表 5.7　通信系统中的链路余量（未检测到）

链路余量	分贝值	单位
接收功率	−138.7	MHz
接收机噪声功率	−102.9	K
系统信噪比	−35.8	dBm

图 5.7 所示出未闭环的射频链路预算。

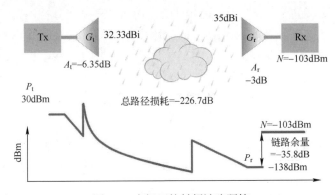

图 5.7　未闭环的射频链路预算

为了解决上例中的问题，可以选择更改系统中的两个天线。如果将两个天线的直径增加到 3m，并将天线效率提高到 70%，则有助于将波束集中在通信链路的方向上。这只是众多备选方案中的一个。

在这种情况下，e.i.r.p.增加到 79.7dBm，接收功率增加到-93.9dBm。通过这种方式，提高系统余量或信噪比为+8.9dB，这意味着接收机可以检测到接收功率。因为链路余量大于零（为正值），所以链路是闭环的（表 5.8）。

表 5.8　通信系统中的链路余量（检测到）

链路余量	分贝值	单位
接收功率	−93.9	MHz
接收机噪声功率	−102.8	K
系统信噪比	+8.9	dBm

图 5.7 说明了第一次链路预算过程。从发射功率到接收功率（−138dBm），并与接收机的噪声功率（−102.8dBm）进行比较，得到的余量接近−36dB。因此，射频链路未闭环，这意味着系统不能正常工作。

图 5.8 显示了最终的链路预算过程，到达接收端的功率为-93.8dBm，高于接收机的噪声功率-102.8dBm，产生 8.9dBm 的正余量。因此，射频链路是闭环的，这意味着系统可以正常工作。

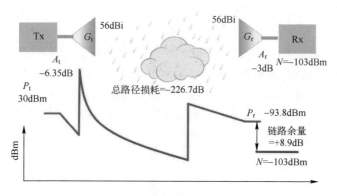

图 5.8 闭环的射频链路预算

在这种情况下，通过改变所使用的通信天线，能够建立一个闭环的链路。

还有一些其他损耗，比如地物损耗，ITU-R P.2018 建议书给出了估算不同环境条件下的地物损耗模型，用于长距离或经建筑物屋顶模型的末端校正，并提供了估计屋顶和终端之间路径损耗的方法。模型考虑了街道宽度、建筑物高度和植被覆盖深度等因素。

5.2 雷达方程

雷达是一种将射频信号发射到目标并测量反射信号的装置。通过分析返回信号上的幅度、频率、相位和其他参数的变化，雷达能够获取有关目标的大量信息。根据雷达系统的功能设计，其可以估计目标的位置、速度、组成和大小，以及许多其他物理特征。基于这一原理，雷达可用于研究自然物（如飓风、珊瑚、云、植被、行星、电离层和肿瘤等）和人造物体（如飞机、埋藏的地雷、汽车和建筑物等）。这些都是基于雷达方程实现的。雷达方程的基本形式如下：

$$P_r = \frac{P_t G_o^2 \lambda_o^2}{(4\pi)^3 R^4} \sigma e^{-2\tau}$$

式中：P_r 为接收功率（单位 W）；P_t 为发射功率（单位 W）；G_o 为天线增益（假设单静态系统使用相同的天线进行发射和接收）；λ_o 为自由空间中信号的波长，$\lambda_o = c/f$（单位 m）；R 为接收机和发射机之间的距离（单位 m）；$L = e^{-2\tau}$，是大气传输路径损耗；σ=目标雷达反射截面积（单位 m^2）。

该方程提供了射频信号经被测目标反射后雷达接收功率的估计值。由于信号传输的双程距离，所以功率与 R^4 的倒数成正比，而不是与 R^2 的倒数成正比，这与弗里斯（Friis）传输方程类似。

1）雷达截面积

目标将能量反射回雷达的能力可以用希腊字母 sigma（σ）来表示，称为"目标雷达反射截面积"或简称为"雷达截面积（RCS）"。RCS 是目标的一种属性，取决于目标的截面积以及目标的制造材料和射频信号频率等因素。RCS 定义为截获一定量功率的区域，这样如果以各向同性方式辐射，则产生的功率密度与真实物体接收机处反射的功率密度相等。

$$\sigma=RCS=雷达反射截面积（单位 m^2）$$

雷达方程也可以用对数形式表示，即接收功率等于发射功率加上增益再减去损耗（包括自由空间传输损耗），再加上目标反射截面积，所有这些参数都以分贝为单位。

$$P_r = P_t + G_t + G_r - L - [20\lg f + 30\lg(4\pi) + 40\lg R - 20\lg c] + \sigma$$

表 5.9 是一些常见目标的典型 RCS。

表 5.9　X 频段常见目标的典型雷达截面积（RCS）

目标	典型 RCS/m^2
战斗机	0.000001
昆虫	0.00001
小鸟	0.01
成人	1
小型飞机	6
商用飞机	40
卡车	200
小汽车	100

需要注意的是，RCS 与目标自身的截面积不同，通过表 5.9 可以看出战斗机通过特殊的材料设计，具有比鸟类甚至昆虫还小得多的 RCS。此外，目标的 RCS 随工作频率、极化方式、入射角、目标的几何形状以及材料的电气特性等因素变化而变化。例如，对于海洋环境，RCS 也是海洋盐度的函数。

2）检测速度：多普勒效应

返回信号的频率取决于目标相对于雷达是否处于相对运动状态。相对运动

第 5 章　链路预算和雷达方程

导致频率变化的现象称为多普勒效应。这是许多领域中使用的一个概念，包括警用雷达和天气传感器等。如果目标和传感器之间存在相对运动，则接收频率与发射频率不同。

$$f_{\text{rec}} = f\left(1 \mp \frac{2v_{\text{r}}}{c}\right)$$

从上式可以看出，接收信号的频率 f_{rec} 是发射频率 f、目标的径向速度 v_{r} 和光速 c 的函数。其中，当目标远离雷达时，频率变低，所以使用负号；当目标接近雷达时，频率变高，所以使用正号。

多普勒效应原理对射电天文学也非常重要，可用于研究行星和星系的运动，以及测量宇宙的膨胀情况。如果一颗恒星正在远离地球，其频率变低，在光谱中反映为趋向红色区域，称为红移。反之，如果一个天体靠近地球，其频率变高，在光谱中反映为趋向蓝紫色区域，因此称为蓝移。这种效果将在下一章中进一步阐述。

在遥感器中，多普勒效应用于测量风速和其他变量至关重要。测量多普勒频率比测量非移动物体需要更大的带宽，因此要充分考虑频谱方面的需求。

第 6 章将进一步研究雷达的工作原理和不同类型的雷达。

第 6 章　有源与无源射频传感器

本章将介绍无源和有源射频传感器之间的区别（图 6.1），以及每种类型传感器的基本组成和常见示例。

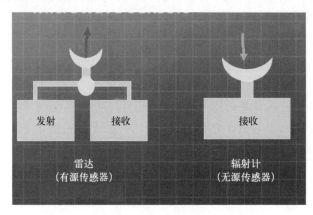

图 6.1　有源和无源传感器区别示意图

从太空研究地球现象，例如用卫星监测飓风，是微波遥感领域的一个示例。微波遥感和射电天文学使用无源和有源两种类型的传感器。而像汽车防撞系统等许多其他应用领域仅使用有源传感器。

无源传感器：不发射电磁波的射频传感器。像微波测深仪等辐射计都属于无源传感器，可用来跟踪飓风、获取土壤湿度等地球参数，以及用来研究遥远的星系和其他空间物质。辐射计也可用于测量人体和其他物体的温度。

有源传感器：使用雷达、高度计和散射计等发射电磁波来测量自然和人工目标，例如天气现象、飞行器、行星和小行星等。

有源射频传感器的发射机用于向目标发射电磁信号，它的接收机测量从目标反射回来的信号。

无源传感器没有发射机，只有接收机。事实上，辐射计是非常灵敏的接收机，可用于测量来自各种介质的热电磁辐射（噪声功率辐射），包括人体、河流、恒星、地形和风暴等，以获取所需物理参数。辐射计在设计上允许测量小于辐

第6章 有源与无源射频传感器

射计自身引入噪声（系统噪声）的信号。这种高灵敏度也使得它们容易受到有源设备的干扰。

典型无源微波传感器有下面几种。

成像传感器：这类传感器能够生成待测区域地球物理参数的图像。许多环境数据产品采用多变量算法生成，以同时从校准的多通道微波辐射图像中获取地球参数。

大气探测传感器：大气探测传感器测量大气柱物理特性的垂直分布，例如气压、温度、风速、风向、液态水含量、臭氧浓度、污染和其他特性等。

微波临边探测传感器：临边探测仪在与大气层相切的方向上观测大气，并用于研究从低层到高层的大气区域。在这些区域，强烈的光化学活动可能对地球气候产生严重影响。

6.1 有源传感器——雷达

雷达（RADAR）一词最初代表无线电探测与测距（Radio Detection and Ranging），但现在雷达的用途远不止于检测目标的存在和测量距离。图6.2展示了雷达对点目标（如飞机）的基本工作过程。

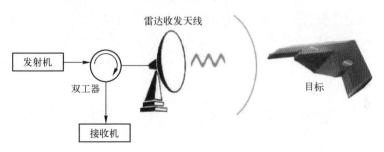

图6.2 雷达对点目标的基本工作过程（检测点目标的反向散射）

图6.3是典型的单静态雷达工作原理图，给出了它的基本组成。单静态只是意味着它使用相同的天线进行发射和接收。

首先，发射机向混频器发送中频（IF）信号，将其乘以本地振荡器（LO）频率，以便将其频率增加到所需的射频频率（RF= LO + IF）信号。其功率由功率放大器（PA）增强，并通过环行器（或双工器）发送到天线。环行器是一种单向设备，允许使用相同的天线进行发射和接收。信号从目标返回后，接收到的信号通过低噪声放大器（LNA）增强，再次使用混频器下变频为中频信号（IF = LO-RF），然后由同相和正交检波器检测并进行处理。将雷达组件设计为中频

（IF）工作通常能够降低成本。因此，下变频器或上变频器允许雷达发射或接收更高的射频频率，而系统内部实际上在中频处理所有信号。雷达发射机、接收机、环行器、天线和显示器等组件通过波导或同轴线连接，这些连接器件增加了系统损耗。

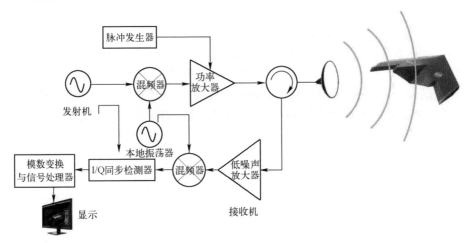

图 6.3　单静态雷达工作原理图

无源雷达不是无源传感器。它们是双静态或多静态雷达系统的一部分，如图 6.4 所示，其中一个组件（在右侧）发射信号，其他组件接收信号。

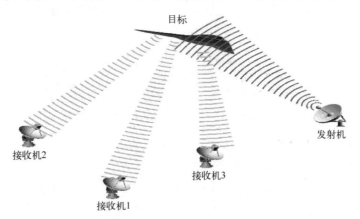

图 6.4　无源雷达工作原理图

双静态雷达使用不同的天线进行发射和接收。在这种情况下，接收机部分有时被称为"无源雷达"。这可能会令人困惑，因为它仍然是一个有源传感器，测量目标后向散射的高功率信号；而无源传感器则不同，无源传感器测量目标自身发出的非常小的类似噪声的信号。

6.1.1 雷达类型

雷达包括许多类型，每种雷达根据其不同的用途，都有不同的技术特性和工作方式。连续波（CW）雷达仅可用于检测物体的存在，但无法提供距离信息，因此通过连续波雷达可以知道是否有目标存在，但不知道它具体有多远。调频连续波（FM-CW）雷达能够提供目标的距离信息。

脉冲多普勒雷达（图6.5）发送短脉冲，然后关闭发射机一段时间以等待返回信号。之后，它发送另一个脉冲并等待，依此类推。此类雷达采用锁相技术，可以测量发射信号和接收信号的频差。频差可用于计算目标相对雷达位置的移动速度，即径向分量。还有的多普勒雷达测量信号相位变化而不是频率变化，并从相位变化中得出频率的变化。交警使用K波段或Ka波段的多普勒雷达来对车辆进行测速。

图6.5 多普勒雷达分类

还有的雷达能够测量目标的极化响应。这些雷达可以提供目标的几何形状等其他信息。

1）高度计

高度计是用于测量飞机或卫星到地面高度的一种雷达。它发送脉冲，然后测量信号经目标表面反射所需的时间。

假设信号以光速传播，则飞机到地面的高度为 $h = 2c/t$，其中2表示信号经地面反射的双向路径（图6.6）。

实际上，因为大气中水蒸气分子对电磁波的反射，高度计检测到的信号需要更长一些时间才能到达。为了校正高度计测量中的这种延迟，需要一个补偿（无源）设备来估计传播路径中水蒸气的量。通常用辐射计估计水蒸气的量，计算湿路径延迟并校正高度计测量值。

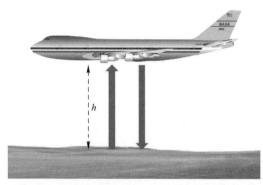

图 6.6 飞机机身底部高度计发射的电磁信号所经过的双向路径（飞机图像源自 NASA）

除高度计外，Jason-2 卫星还使用来自激光地面站和 GPS 的信标来计算其确切位置（图 6.7）。此类观测用于测量海洋表面高度、海洋环流和海洋中热量，监测厄尔尼诺事件，以及用于天气预报、气候监测、导航引导、渔业管理和海上作业等。

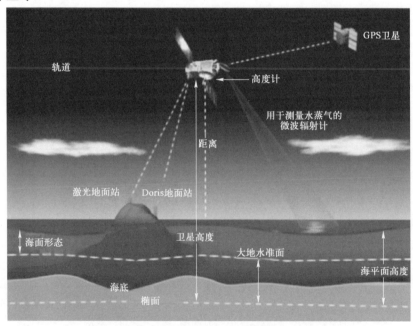

图 6.7 Jason-2 卫星使用高度计测量海洋地形

对于厄尔尼诺事件的准确预测至关重要，因为它会影响世界各地的天气模式，导致世界上某些地区发生干旱和野火，而某些地区发生暴雨和洪水。

2）散射计

散射计是一种微波雷达传感器，用于测量来自地球表面的反射（散射）脉冲。例如，风的散射计响应与海洋上空的平均风速成反比。风力越大海面越粗糙，因此由于漫反射引起的反向散射越少。

当风力较小时，海面几乎是平坦的，因此由于镜面反射作用，反向散射强度很高，如图 6.8 所示。使用星载散射计，可以测得如图 6.9 所示的风速图像，这对于导航、石油泄漏缓解、天气预报以及许多其他应用至关重要。

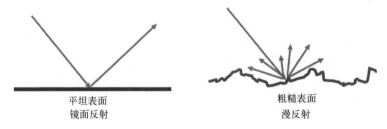

图 6.8　镜面反射或漫反射取决于海面相对于所用频率的粗糙度

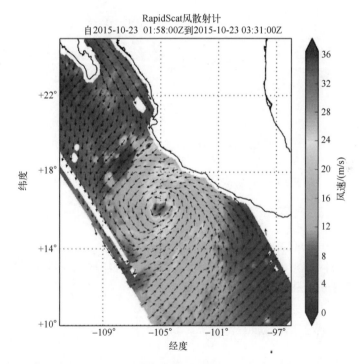

图 6.9　海洋表面风速成像。NASA 利用国际空间站上 13.4GHz 的 RapidScat 风散射计，在 2015 年 10 月 23 日飓风帕特里夏经过时，使用直径为 0.75m 的旋转天线测量地球海洋表面的风速和风向（源自：NASA/JPL-Caltech）

3）距离分辨率

通常，雷达数据可用于构建所研究目标的图像，例如城市中建筑物的图像或土壤湿度地图（图6.10）。它区分相近目标的能力是用距离分辨率来衡量的：距离分辨率的值越小，表明区分能力越强。有源传感器的距离分辨率通常优于无源传感器。

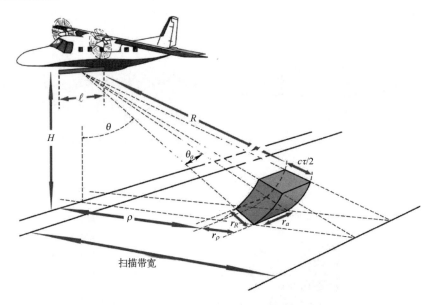

图6.10 侧视机载雷达采样图

航线方向的距离分辨率取决于雷达发送的发射脉冲的宽度 τ，并由以下式给出：

$$\Delta R_{航线方向} = c\tau/2$$

式中：c 是自由空间中的光速。

方位角方向的距离分辨率取决于天线方向图的波束宽度以及目标到雷达的距离，用 R 乘以波束宽度 β（单位：rad）表示：

$$\Delta R_{方位} = R \cdot \beta$$

某些雷达系统采用脉冲压缩技术，这样距离分辨率方程可以用带宽（BW）表示。

$$\Delta R = \frac{c}{2\text{BW}}$$

从上式可以看出，带宽越大，分辨率越高。这说明在某些情况下需要更多频谱才能实现所需分辨率。公式的表达形式因不同的雷达设计方案而有所不同。

4）脉冲重复频率

雷达系统的脉冲重复频率（PRF）定义为每秒传输的脉冲数。当发射机基于给定的 PRF 发送脉冲时，接收脉冲必须在下一个脉冲发送之前到达（图 6.11）。

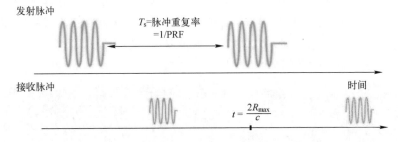

图 6.11　发射脉冲（上图）和接收脉冲（下图）

图 6.11 展示了距离模糊性的概念，当超过最大距离 R_{max} 时，无法知道接收端的第二个脉冲是针对发射端第一个还是第二个随机脉冲的响应。

如果发射脉冲需要更长的时间到达，怎么样知道它是来自第一个脉冲而不是第二个脉冲呢？怎么知道它的距离呢？答案是不能。因此，将最大不模糊距离定义为与脉冲重复率 T_s 成正比，T_s 是脉冲重复频率 PRF 的倒数。

$$R_{max} = \frac{c}{2\text{PRF}} = \frac{cT_s}{2}$$

通常选择 PRF 在数值上等于带宽，以最小化信噪比。在这种情况下，使用较小的带宽更便于测量更远处的目标，从而增加距离覆盖范围。

5）速度模糊性

对于多普勒雷达而言，发射频率和接收频率之间的频差与目标在雷达方向上速度的径向分量有关。正如第 5 章所述，多普勒频率由下式给出：

$$f_D = 2v_r / \lambda$$

图 6.12 示出汽车声波的多普勒效应。

图 6.12　汽车声波（同心圆）的多普勒效应

图中汽车移动时，根据观察者位置的不同，其波前有可能接近或远离，反映为听到声波频率的变化。接近观察者的波前听起来是高音调，远离观察者的波前听起来是低音调。

最大不模糊目标速度可由下式给出：

$$v_{\max} = \pm \frac{c\mathrm{PRF}}{4f}$$

在这种情况下，如果选择 PRF 等于带宽，则使用更大的带宽能够获得更高的速度检测水平。值得注意的是，需要在提高不模糊距离（或不模糊速度）与提高距离分辨率之间做出折中，因为二者都取决于带宽。

图 6.13 示出 NEXRAD 雷达观测到的飓风丽塔图像。

图 6.13　2005 年 NEXRAD 雷达观测到的飓风丽塔图像

图中的雷达是美国强风暴实验室（NSSL）的第一个多普勒天气雷达，位于俄克拉荷马州诺曼市，1970 年起逐步构建起 NWS NEXRAD WSR-88D 气象雷达网。

在脉冲调制体制雷达系统中，接收机的必要带宽要大于脉冲宽度的倒

第6章 有源与无源射频传感器

数。带宽的大小取决于信号的内部调制方式、脉冲压缩宽度和其他因素。雷达（特别是多普勒雷达）是气象监测和预报的重要工具。在军事方面，雷达可用于检测不同类型目标的运动情况。

前面给出了"点目标"的雷达方程，例如飞机或汽车等。对于点目标应用，目标仅占波束的一小部分，天线波束宽度占用率很低。但是，当波束充满雨滴等散射体时，必须修正雷达方程，因为RCS的定义必须包括波束内所有目标的体密度。分布式目标就是这种情况。为了推导分布式目标的雷达方程，从前面提出的雷达方程开始：

$$P_r = \frac{P_t G_o^2 \lambda_o^2}{(4\pi)^3 R^4} \sigma e^{-2\tau}$$

现在定义一个体反向散射系数 σ_v，表示体积内所有目标的贡献总和，因此总反向散射系数是雷达观察到的体反向散射系数与体积的乘积：

$$\sigma = \sigma_v V$$

双向不透明度 τ 由路径 R 上的积分给出：

$$\tau = \int_0^R (k_g + k_{ec} + k_{ep}) dr$$

式中：k_g、k_{ec}、k_{ep} 分别表示大气气体衰减、云至衰减和降水（雪和雨）衰减。

如果使用上述航线和方位角分辨率来表示观测到的体积，则测量体积等于距雷达 R 处的圆形区域乘以脉冲宽度（图6.14）。

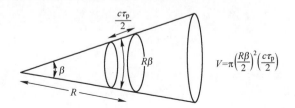

图6.14 锐方向性波束天线辐射方向图和采样体积公式

将其代入雷达方程，可以得到一个天气雷达方程，也称为分布式目标的雷达方程：

$$P_r = \frac{P_t G_o^2 \lambda_o^2 \beta^2 c \tau_p e^{-2\tau}}{32(4\pi R)^2} \sigma_v$$

需要注意的是，与原始雷达方程的主要区别在于：对于分布式目标，接收功率与 R^2 的倒数而不是 R^4 的倒数成正比。从物理意义上讲，这意味着在给定范围内功率回波更大，因为在被观察的体积内有更多散射。

6.2 无源传感器——辐射计

本节将介绍无源传感器,又称辐射计。辐射计仅用于测量所有类型的物质自然辐射的噪声功率。为了理解辐射计的工作原理,首先需要定义热噪声功率和等效噪声温度。

如前面所述,温度高于 0K 的所有物质都会辐射各种类型的电磁波。这是由于所有物质都由原子和分子组成,而原子和分子又处于运动状态。

原子和分子的运动产生电流,这些电流在所有频率上都以热噪声功率的形式进行测量。如 5.1.3 节所述,通常在接收机的中频带宽(B)测量噪声功率。

$$P_N = N = kTB$$

现在使用此方程来定义等效辐射温度,也称为设备、系统或目标的噪声温度。对于设备而言,噪声功率通常定义为设备的输入噪声功率。

1)天线温度(图 6.15)

类似地,天线噪声温度 T_A 是天线在理想黑体辐射下,经带宽为 B 的理想滤波器在输出端产生 kTB 功率时的温度。天线噪声温度与远处被观测区域的平均温度成正比。这表明可以间接测量非常远距离处物体的物理温度。

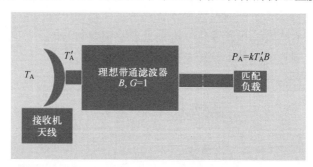

图 6.15 考虑天线噪声温度 T' 的天线提供给匹配负载的平均功率 $P_A = kT'_A B$ 平均传输功率

2)任意噪声源的等效输出噪声温度

等效辐射热噪声温度的概念可用来扩展定义连接到匹配负载的任意噪声源的等效输出噪声温度 T_E。噪声源或设备输出端的总噪声表示为

$$P_{no} = N = kT_E B$$

式中:T_E 为等效热噪声;B 仍为带宽;k 为玻耳兹曼常数(1.38×10^{-23} J/K)。

6.2.1 噪声系数

噪声系数 F 是理解辐射计工作原理的另一个重要参数。该参数用于度量信号在器件中传播时的噪声衰减。噪声系数定义为器件输入端的信噪比除以器件输出端的信噪比。

$$F = \frac{P_s^i/P_n^i}{P_s^o/P_n^o} = \frac{S^i/N^i}{S^o/N^o}$$

式中：$P_s^i = S^i$ 为器件输入信号功率；$P_s^o = S^o$ 为器件输出信号功率；$P_n^i = N^i$ 为器件输入噪声功率；$P_n^o = N^o$ 为器件输出噪声功率。

噪声系数通常以分贝形式表示为

$$F = 10\lg(F)$$

噪声系数与等效噪声温度 T_E 之间的关系如下式所示：

$$T_E = (F-1)T_0$$

为避免混淆，噪声温度采用标准化方式，选择室温 T_0= 290K（62.3℉）。

1）级联系统的噪声

很多情况下，微波传感器由包含多个器件的级联系统组成，器件间采用串联方式，每个器件都有增益 G_i 和以等效噪声温度 T_{Ei} 表示的损耗。

总系统噪声系数 F 和总噪声温度 T_E 由下述两式得出：

$$F = F_1 + \frac{(F_2-1)}{G_1} + \frac{(F_3-1)}{G_1G_2} + \cdots + \frac{(F_N-1)}{G_1G_2\cdots G_{N-1}}$$

$$T_E = T_{E1} + \frac{T_{E2}}{G_1} + \frac{T_{E3}}{G_1G_2} + \cdots + \frac{T_{EN}}{G_1G_2\cdots G_{N-1}}$$

超外差接收机就是一个典型的级联系统，其射频放大器后连着混频器，混频器用来将射频信号乘以本振（LO）产生的频率正弦波，如图6.16所示。

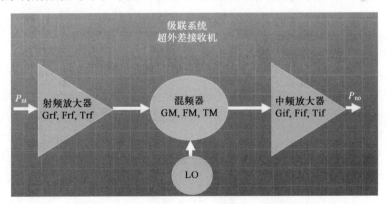

图6.16　典型级联超外差接收机系统前端示意图

两个正弦波的乘积包含频率的和差分量，其中频率差（f_{RF}-f_{LO}）称为中频（IF）。超外差接收机的优点是在较低频率下完成大部分放大处理，因而通常成本更低，通过仅调节本地振荡器就能更容易地实现射频范围的精确控制。

问题：对于图 6.16 中给出的超外差接收机，基于各器件的下述参数，计算系统总等效噪声温度，其中 G_{RF}= 30dB，F_{RF}= 5.05dB，G_m= 23dB，F_m= 7.5dB，G_{IF} = 30dB，F_{IF} = 2.3dB。

为了解决这个问题，首先计算每个器件的等效辐射温度：

$$T_{RF} = \left(10^{\frac{5.05}{10}} - 1\right)(290K) = 638 \text{ (K)}$$

$$T_m = 1341 \text{ (K)}$$

$$T_{IF} = 202.5 \text{ (K)}$$

线性形式的增益为 G_{RF}= $10^{30/10}$ =1000，G_m = $10^{23/10}$ = 200。

因此，接收机系统的总噪声温度为

$$T_{REC} = T_{RF} + \frac{T_m}{G_{RF}} + \frac{T_{RF}}{G_{RF}G_m} = 638 + \frac{1341}{1000} + \frac{202.5}{1000 \times 200} = 639 \text{ (K)}$$

现在，看一下使用高质量的射频放大器的效果，其中 G_{RF}= 30dB，F_{RF}= 2.3dB，保持其他参数不变。可以计算出这种情况下的射频放大器等效辐射温度：

$$T_{RF} = \left(10^{\frac{2.3}{10}} - 1\right)(290K) = 202.5 \text{ (K)}$$

基于此，得到接收机系统的总噪声温度为

$$T_{REC} = T_{RF} + \frac{T_m}{G_{RF}} + \frac{T_{RF}}{G_{RF}G_m} = 203 + \frac{1341}{1000} + \frac{202.5}{1000 \times 200} = 204 \text{(K)}$$

与之前的 639K 相比，这是一个很大的改进，表明级联系统的第一级对于滤除噪声是最重要的。

2）噪声平均

提高辐射计灵敏度的一种方法是对 N 个独立的噪声样本取平均。通过噪声平均，辐射计可以确定平均噪声功率并检测到微弱的信号源。辐射灵敏度（或分辨率）是在辐射计天线视场内观测到的辐射天线温度的最小（统计）可检测变化。

$$\text{辐射计分辨率} = \Delta T \to 0, \quad \tau \to \infty$$

积分时间 τ 越大，辐射计分辨率越好（越小）。

3）辐射分辨率 ΔT

辐射计使用低通滤波器作为积分器，在时间间隔 τ 内对信号进行平均。带

宽为 B 的信号在时间间隔 τ 内积分，样本数 $N = B\tau$，其中 B 是中频带宽。

$$\Delta T = \Delta T_{系统} = \frac{T_{系统}}{\sqrt{N}} = \frac{(T_A + T'_{REC})}{\sqrt{B\tau}}$$

$\Delta T_{系统}$ 除以样本数的均方根，提高了辐射计的灵敏度。

6.2.2 辐射计类型

辐射计包括多种类型，每种辐射计都有不同的辐射分辨率（灵敏度）方程。

1）全功率辐射计

全功率辐射计方程如下所示。因为假设其不受系统增益变化的影响，所以称为理想辐射计分辨率。

$$\Delta T_{理想} = \frac{T_{系统}}{\sqrt{B\tau}}$$

2）迪克辐射计分辨率

与理想辐射计方程预测的灵敏度相比，实际上因增益变化、大气波动以及未知无线电辐射源的干扰，会显著降低辐射计的实际灵敏度。

将接收机增益和大气波动影响降至最低的一种方法，是通过对来自两个相邻馈源的信号进行差分测量。在波束或负载之间快速切换，以发明者罗伯特·迪克（Robert Dicke）的名字命名为迪克切换。

迪克辐射计原理如图 6.17 所示，它通常使用具有 +1 和 −1 可选增益的同步解调器来消除增益的周期波动。

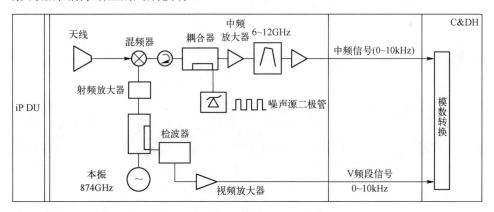

图 6.17　简化辐射计框图（源自：NASA）

3）均衡迪克辐射计

均衡迪克辐射计的设计使得 $T_A' = T_{ref}$，以消除接收机增益变化的影响。

$$\Delta T = \sqrt{\left(\Delta T_{\mathrm{G}}\right)^2 + \left(\Delta T_{N_{\mathrm{ant}}}\right)^2 + \left(\Delta T_{N_{\mathrm{ref}}}\right)^2}$$

$$= \sqrt{\frac{2\left(T_{\mathrm{A}}' + T_{\mathrm{REC}}'\right)^2 + 2\left(T_{\mathrm{ref}} + T_{\mathrm{REC}}'\right)^2}{B\tau} + \left(\frac{\Delta G_{\mathrm{S}}}{G_{\mathrm{S}}}\right)\left(T_{\mathrm{A}}' - T_{\mathrm{ref}}\right)^2}$$

$$= \frac{2T_{系统}}{\sqrt{B\tau}} = \frac{2\left(T_{\mathrm{A}}' + T_{\mathrm{REC}}'\right)}{\sqrt{B\tau}} = 2\Delta T_{理想}$$

如上面方程所示，最后一项得以抵消。由此获得的灵敏度仍然是理想辐射计的两倍，但与增益变化无关。

6.2.3 辐射计的不确定性原理

对于给定的积分时间 τ，需要在频谱分辨率 B 和辐射分辨率 ΔT 之间折中。二者关系描述为下式：

$$\Delta T = \frac{M}{\sqrt{B\tau}}$$

对于固定式辐射计，可以通过增加观测时间来使积分时间变大。但对于移动式辐射计来说，这并不容易实现，例如当传感器位于卫星或飞机上时。在这种情况下，积分时间是有限的，因为它也会改变空间分辨率。在后一种情况下，唯一的选择是增大带宽，因此需要更多的频谱资源。

6.3 重要的 ITU 建议书

在此列出了一些 ITU-R 建议书，这些建议书对无源和有源传感器都非常重要。

（1）ITU-R RS.515：给出了全球卫星无源遥感使用的频段和带宽。

（2）ITU-R RS.2017：给出了卫星无源遥感性能和干扰标准。

（3）ITU-R RS.577：给出了星载有源远程传感器的首选频率和必要带宽。

需要注意的是，其中许多建议书都在不断变化和更新。在本书的第 7 章和第 8 章中将谈到这一制定过程。除上述国际建议书外，《无线电规则》中还有一些重要的脚注，涉及下述一些类型传感器使用的频率。

RR 脚注 5.340：其中指出，在 50.2~50.4GHz 频段内对卫星地球探测业务（无源）和空间研究业务（无源）的划分不应对相邻频段内以主要使用条件划分的业务对该频段的使用加以不适当的限制（另参见 ITU-RS.1431）。

这些文档的完整文本可以通过以下链接以多种语言下载：

第6章 有源与无源射频传感器

https://www.itu.int/rec/R-REC-RS.515

https://www.itu.int/rec/R-REC-RS.577

https://www.itu.int/rec/R-REC-RS.1028

https://www.itu.int/rec/R-REC-RS.1029

https://www.itu.int/md/R00-WP1B-C-0062

此外，ITU-R RS.1166 还给出了五种有源传感器的性能和干扰标准，包括测雨雷达、合成孔径雷达（SAR）、高度计、散射计和云廓线雷达。

ITU-R RS.1166 建议书中的表 2 如表 6.1 所列。表中对每一种有源传感器，都给出了性能降级门限、干噪比（I/N）以及百分比形式的数据可用时间。

表 6.1 ITU-RRS.1166 建议书的表 2

传感器类型	干扰标准		数据可用性标准/%	
	性能衰减	I/N /dB	经常性	偶然性
合成孔径雷达	像素功率标准偏差下降了10%	-6	99	95
高度计	高度噪声下降了4%	-3	99	95
散射计	用于推测风速的标准雷达后向散射下降8%	-5	99	95
测雨雷达	最小降雨强度提高了7%	-10	N/A	99.8
云廓线雷达	最小云层反射率下降了10%	-10	99	95

干扰容限估计由下式给出：

$$P_I = I/N \cdot P_N \cdot \frac{G_{N_{AZ}}}{G_{I_{AZ}}} \cdot \frac{G_{N_{RNG}}}{G_{I_{RNG}}}$$

式中：I/N 为处理器输出端的干扰噪声比；P_N 为天线端口的噪声功率；$G_{N_{AZ}}$ 为噪声的方位角处理增益；$G_{I_{AZ}}$ 为干扰信号的方位角处理增益；$G_{N_{RNG}}$ 为噪声的距离处理增益；$G_{I_{RNG}}$ 为干扰信号的距离处理增益。

云廓线雷达的干扰标准如下：ITU-R RS.1166 建议书规定，在 95% 的服务区内，干扰降低小于 10% 的 Z_{min} 衰减。Z_{min} 衰减 10% 与 -10dB 的干扰噪声比对应。该干扰标准与 300kHz 上 -155dBW 的干扰功率电平相对应。必须要注意的是，这个干扰功率电平是来自所有干扰源的贡献（总水平），而不是每个干扰源的。

在 ITU-R RS.577 建议书中的表如表 6.2 所列，可以看到星载有源传感器的首选工作频率和必要带宽。同样，所有这些文档都是动态文档，它们会定期修订，以适应传感技术的发展、传感器性能的变化以及其他不断变化的条件。

表 6.2 ITU-R RS.577 建议书中的一个表

《无线电规则》第 5 条中分配的频段	应用带宽				
	散射仪	高度计	成像仪	降雨雷达	云层剖面雷达
432～438MHz			6MHz		
1215～1300MHz	5～500kHz		20～85MHz		
3100～3300MHz		200MHz	20～200MHz		
5250～5570MHz	5～500kHz	320MHz	20～320MHz		
8550～8650MHz	5～500kHz	100MHz	20～100MHz		
9300～9900MHz[1]	5～500kHz	300MHz	20～300MHz		
13.25～13.75GHz	5～500kHz	500MHz		0.6～14MHz	
17.2～17.3GHz	5～500kHz			0.6～14MHz	
24.05～24.25GHz				0.6～14MHz	
35.5～36GHz	5～500kHz	500MHz		0.6～14MHz	
78～79GHz					0.3～10MHz
94～94.1GHz					0.3～10MHz
133.5～134GHz					0.3～10MHz
237.9～238GHz					0.3～10MHz

第 7 章 国际层面的管理机构

本章将介绍国际层面上的无线电频谱管理机构。其中包括有关国际电联（ITU）组织结构的描述，重点是无线电通信部门（ITU-R）和世界无线电通信大会（WRC），以及有关无线电频谱管理过程的其他基础知识。

7.1 国际电联起源

1865 年，国际电联由 20 个创始国在巴黎成立，始称"国际电报联盟"，是世界上有记录以来的第一个国际机构。1932 年，国际电联和国际无线电报联盟（IRU）合并，并采用现在的名称——国际电联。1947 年，国际电联成为联合国负责有关电信问题的专门机构。而联合国是在此事件两年前的 1945 年，即第二次世界大战结束时刚刚成立。

不过早在 1906 年，在柏林召开的国际无线电报联盟第一届国际无线电报大会，拟议的法规变更中就包括两项重要义务。首先是接收和处理应急无线电消息，无论其来源如何。第二是持续观测遇险求救信号。马可尼公司为维护其公司利益，推动英国和意大利政府反对这两项提议。然而，最终私人利益被置于公共利益之上。否则这两项无线电规则肯定会避免泰坦尼克号的灾难发生。1912 年，在泰坦尼克号沉没（图 7.1）三个月后的下一届 IRU 会议上，这两项无线电规则最终获得批准，同时频率划分表也诞生了。

国际电联总部设在瑞士日内瓦，就在联合国大楼的街对面（图 7.2）。国际电联协调无线电频谱和卫星轨道的全球共享使用。它还致力于改善发展中国家的电信基础设施，以及协助制定和协调全球技术标准。

国际电联由全权代表大会和国际电联行政理事会管理。

国际电联理事会由全权代表大会每四年选出的 48 个理事国组成。国际电联理事会每年召开一次会议。理事会还设立了专门的工作组根据需要来处理具体问题。总秘书处协调国际电联的活动，全面管理行政和财务工作，并担任法定代表人。国际电联行政管理总体架构如图 7.3 所示。

图 7.1 威利·斯托沃版画：泰坦尼克号的沉没

图 7.2 国际电联大楼正面（左）及联合国欧洲总部（右）

图 7.3 国际电联行政管理总体架构

7.2 全权代表大会

全权代表大会（PP）是国际电联最高政策制定机构和权力机构，决定国际电联的工作方向。全权代表大会每 4 年举行一次。它由国际电联 193 个成员国的代表组成，这里的成员国也称为主管部门。

全权代表大会的主要职能是审查国际电联《组织法》和《公约》，以及其战略规划和预算。全权代表大会还负责选举国际电联理事会成员、秘书长、副秘书长、无线电通信局、电信标准化局和电信发展局的局长，以及无线电规则委员会（RRB）的 12 名成员。

7.3 国际电联世界区域划分

7.3.1 区域划分

为管理全球无线电频谱，国际电联将世界划分为三个区域，如图 7.4 所示。

图 7.4　国际电联区域划分（源自：ITU，2016）

每个区域都有自己的一组频率分配，这是划分区域的主要原因。美洲位于第二区。

国际电联有 193 个有表决权的成员国，以及大约 800 个无表决权的部门成员，每类成员都有自己的一套权利和义务。在此，用大写字母表示的成员说明其是一个政府，称为"主管部门"；而用小写字母表示部门成员，包括公司、学术机构、科学组织和其他实体等。成员国基于其对国际电联的财政贡献而享有投票权。

7.3.2 区域组织

区域性电信组织包括欧洲邮电管理委员会（CEPT）、阿拉伯频谱管理组织（ASMG）、亚太电信组织（APT）、通信领域区域共同体（RCC）、非洲电信联盟（ATU）和美洲电信委员会（CITEL）。

国际电联区域组织：

- APT——亚太电信组织
- ASMG——阿拉伯频谱管理组织
- ATU——非洲电信联盟
- CEPT——欧洲邮电管理委员会
- CITEL——美洲电信委员会
- RCC——通信领域区域共同体

加入 CITEL 对美国和其他 CITEL 成员国非常重要，因为在国际电联大会上，CITEL 将提交本区域的统一立场。地图括号中的数字是指每个区域组织拥有的投票成员国或主管部门的数量（图 7.5）。

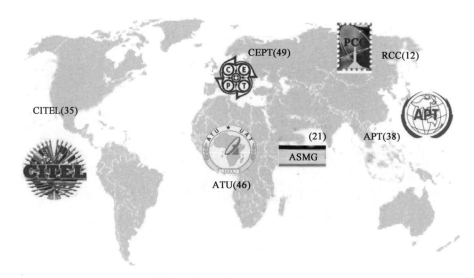

图 7.5 国际电联区域组织分布图

7.4 国际电联部门

国际电联包括无线电通信部门（ITU-R）、电信标准化部门（ITU-T）和电信发展部门（ITU-D），如图 7.6 所示。

图 7.6 国际电联组织部门示意图

ITU-T 是负责全球电信标准制定的电信标准化部门，包括电信网络和电信业务等方面。ITU-D 是电信发展部门，负责协助发展中国家电信网络和业务的建设、部署和运营。最后，ITU-R 是无线电通信部门，通过无线电通信局（BR）制定无线电通信标准并管理全球频谱。本书将重点介绍 ITU-R，它是世界无线电通信大会（WRC）的组织机构。

7.5 ITU-R 的职责使命

国际电联无线电通信部门（ITU-R）在无线电频谱和卫星轨道的全球协调中发挥着至关重要的作用，这两者都是有限的自然资源。大量并且不断增长的各类业务对无线电频谱和卫星轨道的需求与日俱增，像固定、移动、广播、业余无线电、通信、气象、GPS 和环境监测等业务，对于确保陆地、海上和天空中的生命安全至关重要。

ITU-R 的职责是确保所有业务合理、公平、高效和经济地使用无线电频谱，并就这些事项开展研究并批准建议书。其主要目标是确保无线电通信系统的无干扰运行。

7.6 世界无线电通信大会

由于无线电频谱技术应用的不断发展，因而有必要定期修订《无线电规则》。为此，世界无线电通信大会（WRC）每 3～4 年举行一次。WRC 之前通常在瑞士日内瓦举行，一般持续四周。

国际电联世界无线电通信大会会场如图 7.7 所示。

WRC 审查和更新《无线电规则》（RR）（图 7.8）及其《议事规则》（RoP），包括对频谱划分、协调与通知程序、行政和操作程序的修改，以及通过决议等。

图 7.7　国际电联世界无线电通信大会（WRC）会场

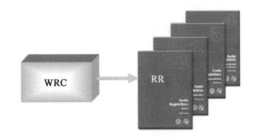

图 7.8　WRC 及 RR

世界无线电通信大会还可以确定无线电通信全会及其研究组（SG）准备未来无线电通信大会的研究议题。对于规则的修改是通过协商一致的方式进行，只在必要时才进行投票表决（每个主管部门一票）。

整个无线电规则的修订过程是以 WRC 开始和结束，其简化图如图 7.9 所示。主管部门可以单独提交提案，也可以通过区域组织提交提案。

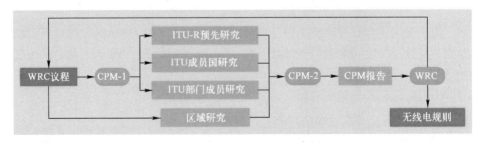

图 7.9　无线电规则修订过程

修订工作根据第一次 WRC 筹备会议（CPM-1）的议程进行，CPM-1 会议由国际电联理事会在 WRC 大会结束后一周内举行。因此，对于那些既参加 WRC 又参加 CPM 的人来说，会议连续延长至五周。CPM 会议网站上有关于如何准备文稿的说明，包括国际电联 6 种语言的 MS-Word 模板（带有 MathType 公式编辑器）。提案使用称为会议提案界面（CPI）的在线工具提交，该工具仅供注册用户使用。

第二次 WRC 筹备会议 CPM-2 将在下一届 WRC 会议前约 6 个月举行。同时，研究工作仍在继续，为 WRC 大会做准备，如图 7.8 所示。CPM-2 产生的报告草案是一份 600 多页的文件，其中包括将在下一届 WRC 大会上审议的技术、操作和规则/程序事项。WRC 大会形成用于更新《无线电规则》的最终文件。各区域组织会议通常在每届 WRC 前 6 至 12 个月举行。区域组织的研究结果由 CPM 汇集到一份报告中。

7.7 ITU-R 无线电规则

《无线电规则》(RR) 和区域协定的实施，是努力通过世界和区域无线电通信会议的进程，确保建立一个没有射频干扰的环境。RR 还寻求节约频谱的方法，以保证未来扩展和新技术发展的灵活性。《无线电规则》具有国际条约地位，约束各成员国遵照实施。

《无线电规则》载有经世界无线电通信大会通过、修订和核准的全部内容，包括 4 卷。

第 1 卷：《条款》。

第 2 卷：《附录》。

第 3 卷：《世界无线电通信大会通过的决议和建议》。

第 4 卷：《引证归并的 ITU-R 建议书》。

《条款》的若干章节中载有许多定义、规定和术语，以及无线电通信业务清单。《附录》是详细的技术附件，旨在确定各种业务和台站的技术和操作条件，以确保它们可以不受干扰地运行。一些关于具体问题的决议是对《附录》的补充。

下面总结了《无线电规则》四卷中的一些重要信息。

（1）全球频率划分表（"第 5 条"）。

（2）业务定义（例如固定、移动、卫星等）。

（3）技术限制（功率限值等）。

（4）国际登记/协调程序。

7.7.1 决议与建议

ITU-R 的决议本质上不是技术性的,而主要是关于指南和方法的合集。与此相反,建议书本质上是技术性的,旨在确保无线电通信系统运行的性能和质量。

建议书对成员国没有约束力,更多是作为部门参考,但出于方便起见,这些建议通常得到遵循。但是,当建议书"引证归并"到《无线电规则》第 4 卷时,它们就成为了《无线电规则》(国际条约)的一部分。ITU-R 建议书可从国际电联网站免费下载。

7.7.2 业务定义

《无线电规则》中包含的另一个重要部分是第 5 条中的国际频率划分表。《无线电规则》第 1 条第三节还包括无线电业务的定义,如表 7.1 所列。

表 7.1 无线电通信业务

条款号	业务名称	缩写/首字母缩略语
1.20	固定业务	FS
1.21	卫星固定业务	FSS
1.22	卫星间业务	ISS
1.23	空间操作业务	SOS
1.24	移动业务	MS
1.25	卫星移动业务	MSS
1.26	陆地移动业务	LMS
1.27	卫星陆地移动业务	LMSS
1.28	水上移动业务	MMS
1.29	卫星水上移动业务	MMSS
1.30	港口操作业务	POS
1.31	船舶运转业务	SMS
1.32	航空移动业务	AMS
1.33	航空移动(R)业务	AM(R)S
1.34	航空移动(OR)业务	AMS(OR)
1.35	卫星航空移动业务	AMSS
1.36	卫星航空移动(R)业务	AMS(R)S

续表

条款号	业务名称	缩写/首字母缩略语
1.37	卫星航空移动（OR）业务	AMS（OR）S
1.38	广播业务	BS
1.39	卫星广播业务	BSS
1.40	无线电测定业务	RDS
1.41	卫星无线电测定业务	DRSS
1.42	无线电导航业务	RNS
1.43	卫星无线电导航业务	RNSS
1.44	水上无线电导航业务	MRNS
1.45	卫星水上无线电导航业务	MRNSS
1.46	航空无线电导航业务	ARNS
1.47	卫星航空无线电导航业务	ARNSS
1.48	无线电定位业务	RLS
1.49	卫星无线电定位业务	RLSS
1.50	气象辅助业务	MetAid
1.51	卫星地球探测业务	EESS
1.52	卫星气象业务	MetSat
1.53	标准频率和时间信号业务	SFTS
1.54	卫星标准频率和时间信号业务	SFTSS
1.55	空间研究业务	SRS
1.56	业余业务	ARS
1.57	卫星业余业务	ARSS
1.58	射电天文业务	RAS
1.59	安全业务	
1.60	特别业务	

随着新技术和新应用的出现，可能需要重新进行频率划分。同样，旧的应用可能会消失。为此，需要开展共享研究，以确认新业务不会对现有业务造成不可接受的干扰。这些研究工作是在研究组（SG）内进行。

7.8 ITU-R 的架构和工作程序

本节将深入介绍国际电联无线电通信部门的组织架构。如前面所述，有时研究议题来自世界无线电通信大会上的讨论。研究组负责开展共存研究，以确认频率划分的调整不会对其他现有业务造成有害干扰。

7.8.1 ITU-R 研究组

ITU-R 有 6 个研究组（图 7.10），由来自国际电联成员国、部门成员以及部门准成员的专家参加 ITU-R 研究组的工作。

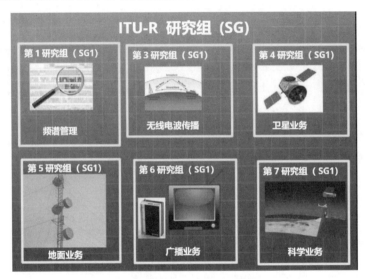

图 7.10 ITU-R 的 6 个研究组

（1）第 1 研究组 SG1——频谱管理。
（2）第 3 研究组 SG3——无线电波传播。
（3）第 4 研究组 SG4——卫星业务。
（4）第 5 研究组 SG5——地面业务。
（5）第 6 研究组 SG6——广播业务。
（6）第 7 研究组 SG7——科学业务。

需要注意的是，ITU-R 部门下没有第 2 研究组。

各研究组还成立了工作组（WP）和任务组（TG）具体研究所承担的议题，在工作组会议上就分配的议题进行研究。例如，第 7 研究组（科学业务）的技术活动通过下列 4 个工作组开展议题研究工作。

（1）第 7A 工作组——时间信号和频率标准的发射：传播标准时间和频率信号的系统性应用（地面和空间）。

（2）第 7B 工作组——空间无线电通信应用：空间操作、空间研究、卫星地球探测和卫星气象业务的测控数据收发系统。

（3）第 7C 工作组——遥感系统：用于卫星地球探测业务、气象辅助业务的主动和被动遥感应用，以及地基无源传感器、空间天气传感器和包括行星探测器在内的空间研究传感器。

（4）第 7D 工作组——射电天文：地基和天基射电天文学传感器和雷达天文学传感器，包括甚长基线干涉仪。

图 7.11 示出了 WRC-15 周期 WP7D 会议会场。

图 7.11　WRC-15 周期 WP7D 会议会场

图 7.12 给出了与无线电频谱管理相关的国际电联组织架构的简化版本，列出了科学业务研究组（SG7）的下设工作组（WP），其他研究组也有各自的下设工作组。

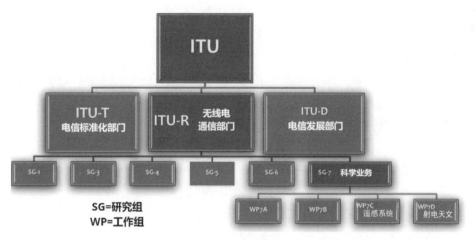

图 7.12　与无线电频谱管理相关的国际电联组织架构

7.8.2 ITU-R 议事规则

议事规则（RoP）由无线电规则委员会（RRB）批准。就特定条款的应用予以澄清，或确立现行《无线电规则》可能未予规定的必要实施程序，从而对《无线电规则》形成补充。

图 7.13 给出的是《无线电规则》第 1.23 条关于空间操作业务（SOS）的定义，议事规则针对该条款给出了更多详细描述。

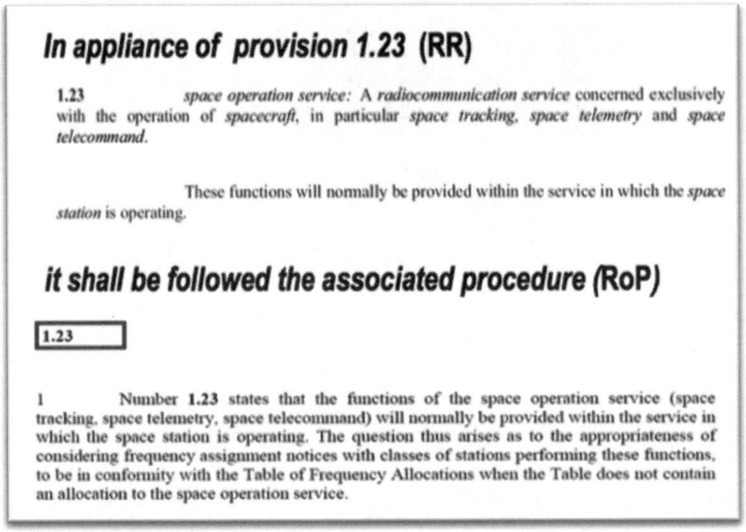

```
In appliance of provision 1.23 (RR)

1.23        space operation service: A radiocommunication service concerned exclusively
            with the operation of spacecraft, in particular space tracking, space telemetry and space
            telecommand.

            These functions will normally be provided within the service in which the space
            station is operating.


it shall be followed the associated procedure (RoP)

 1.23 

1     Number 1.23 states that the functions of the space operation service (space
tracking, space telemetry, space telecommand) will normally be provided within the service in
which the space station is operating. The question thus arises as to the appropriateness of
considering frequency assignment notices with classes of stations performing these functions,
to be in conformity with the Table of Frequency Allocations when the Table does not contain
an allocation to the space operation service.
```

图 7.13 《无线电规则》第 1.23 条示例

7.8.3 无线电通信全会

国际电联无线电通信全会（RA）通常在 WRC 前一周举行，负责无线电通信研究的结构、方案和批准的详细审查。RA 成立研究组（并选举其主席/副主席）。它还承担采纳工作组计划、批准 ITU-R 建议书、问题以及决议等。

如前所述，这些决议本质上不是技术性的，而是涉及全会期间的工作程序、研究组职责的具体方面以及其他规则等。

7.8.4 无线电通信局

无线电通信局（RB）负责在国际频率登记总表（MIFR）中登记频率。该机构还负责协调国际卫星系统并为 ITU-R 会议提供技术和行政支持等。

7.8.5 无线电规则委员会

无线电规则委员会（RRB）以前称为国际频率注册委员会（IFRB），由 12 名委员组成，委员从成员国在全权代表大会（PP）上提出的候选人中选出，同时考虑到地域平衡[①]。RRB 的主要目标是在国际范围内管理无线电频谱并以中立的方式解决出现的问题。RRB 委员无偿工作并独立履行职责，通常每年在国际电联总部召开不超过 4 次的简短会议。由国际电联负责支付委员的差旅费、生活费和保险费。RRB 的执行秘书是该局主任。RRB 审议并批准议事规则（RoP），解决主管部门之间的分歧，审查对 BR 决定的任何上诉，并准备 WRC 提案，以及其他任务。

7.8.6 WRC 工作周期

如前所述，《无线电规则》的更新过程以 WRC 为开始和结束，并根据需要重复此循环。图 7.14 详细给出了在 WRC 工作周期中国际电联各机构的互动关系。这一切工作的最终目标是确保实现对《无线电规则》的更新。

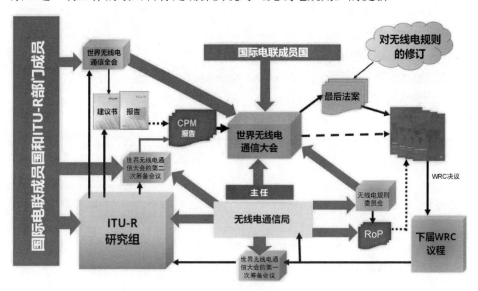

图 7.14 在 WRC 工作周期中国际电联机构间的交互关系

国际电联六种官方语言是阿拉伯语、中文、英语、法语、俄语和西班牙语。读者可以在国际电联网站下载所有业务的最新建议书。

7.9 国际频率划分表

本节给出的是国际电联 1 区的国际频率划分表,《无线电规则》中也有其他国际电联区域的国际频率划分表。它以图表形式描述,并辅以显示划分细节的表格。

图 7.15 中是国际频率划分表的概要图示。每项业务都用不同的颜色表示,并且每项业务都在其划分的频率范围内绘制为条状图。用多种色条表示共享频谱。目前,国际频率划分表仅涵盖 9kHz～245GHz 的范围。

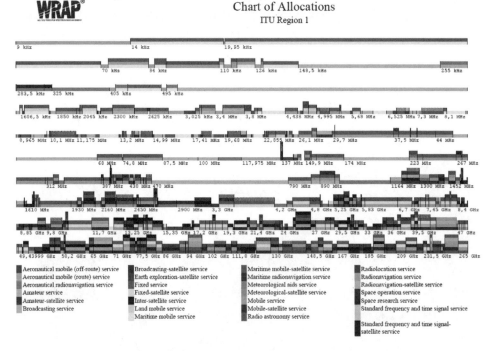

图 7.15 国际电联 1 区的国际频率划分(见彩插)

图 7.16 是国际频率划分表中一个详细信息示例页面。需要注意的是,对于 40～40.5GHz 频率范围,在所有 3 个区域具有相同的业务划分,而 40.5～41GHz 的情况并非如此,每个区域都不尽相同。

用英文大写(中文为黑体加粗)的业务名称表示业务具有主要地位,而英文小写(中文为标准宋体字)的业务名称则表示为次要业务。当几个业务都用大写(中文为黑体加粗)表示时,说明它们共享主要业务,即它们以共享方式使用该频段。

第 7 章 国际层面的管理机构

划分给以下业务		
1区	2区	3区
40~40.5	卫星地球探测（地对空） 固定 卫星固定（空对地）5.516B 5.550C 移动 5.550B 卫星移动（空对地） 空间研究（地对空） 卫星地球探测（空对地） 5.550E	
40.5~41 固定 卫星固定 （空对地）5.550C 陆地移动 5.550B 广播 卫星广播 航空移动 水上移动 5.547	40.5~41 固定 卫星固定 （空对地）5.516B 5.550C 陆地移动 5.550B 广播 卫星广播 航空移动 水上移动 卫星移动（空对地） 5.547	40.5~41 固定 卫星固定 （空对地）5.550C 陆地移动 5.550B 广播 卫星广播 航空移动 水上移动 5.547

图 7.16 国际电联国际频率划分表摘录

下面的数字（如 5.547）是指国际电联的脚注。它们表示某些特定地区、主管部门或其他细节方面的法规例外情况。

7.9.1 划分类型

《无线电规则》第 5 条解释了不同的频率划分类型。主要业务有权免受该频段内其他频谱用户造成的有害干扰。次要业务不得对具有主要地位的业务造成干扰，也不能要求免受 RFI 的保护。但是，它们可以要求保护免受来自次要业务的有害干扰，这些次要业务可能会在以后划分频率。如果一项业务是该频段的唯一业务，则称为"独占使用"，这意味着该特定频率范围没有其他业务使用。在共享主要业务的情况下，两种业务必须在平等的基础上共享频段。它们的操作将根据许可证申请和授权顺序进行协调和保护，并且这些业务具有同等的保护权利，免受来自次要业务的有害干扰。关于在共同主要业务情况下由于其他共享主要业务的干扰而导致的最大性能下降，ITU-R F.1565 等建议书提供了一些指导。

7.9.2 国际脚注

国际电联脚注以数字 5 开头，并在表中添加了有关分配例外或限制的信息，通常是针对比国际电联区域划分更小的地理区域。例如，脚注 5.431 表明该划分仅对德国和以色列有效。脚注 5.479 表明气象雷达作为次要业务使用这个特定频段。

国际层面的无线电频谱监管流程旨在基于所有主管部门的意见，并促进《无线电规则》的不断更新。下一章以美国为例介绍国家层面的无线电监管过程。

第 8 章　美国国家无线电管理机构

本章将介绍美国无线电频谱监管机构，研究美国联邦通信委员会（FCC）和美国商业部下设的国家电信和信息管理局（NTIA）的作用，以及它们在国家层面和国际层面无线电监管过程的相互关系。本章还将介绍其他一些重要的无线电频谱机构，例如在美国国家科学、工程与医学院（NASEM）下属的无线电频率委员会（CORF）和 IEEE 遥感频率划分委员会（FARS）。

回顾历史，当泰坦尼克号于 1912 年 4 月在格陵兰岛附近撞上冰山时，船上的无线电操作员发送了紧急信号，加拿大纽芬兰的一个电台收到了这些信号，但由于那晚有太多的业余无线电爱好者使用无线电波，求救信号没有得到关注。美国海岸沿线的这些业务无线电信号阻碍了求救信号的及时传递。此外，尽管距离泰坦尼克号不到 10 英里（1 英里=1.61 千米）的地方有一艘船，但由于船上无线电操作员在事故发生前 25min 关闭了无线电设备，因而没有收到求救信号。如前所述，这一灾难性事件给无线电法规带来了一些变化。美国国会通过了《1912 年无线电法案》，该法案要求所有无线电运营商都需要获得商务部的许可，以确保所有无线电信息都得到妥善处理。该法案还规定了所有船舶都需要在船上携带无线电设备，而且要求船载无线电设备全天无休连续运行。

与其他国家（主管部门）相比，美国在频谱管理方面是一个特例，因为它有两个机构来规范其无线电政策，即联邦通信委员会（FCC）以及国家电信和信息管理局（NTIA）（图 8.1）。FCC 管理所有非联邦用户（包括市政府）的无线电频谱，而 NTIA 则管理所有联邦用户的无线电频谱。

NTIA 向总统和行政部门提供所有关于电信问题的建议。相应地，FCC 通过美国政府的立法部门向国会提供建议。FCC 为商业用途、州和地方政府提供频谱许可。相应地，NTIA 为国土安全部和国家航空航天局（NASA）等联邦机构提供频谱指配。

1912 年的《无线电法》和 1934 年的《电信法》是明确现今频谱管理组织结构的两项主要法案。1934 年法案建立了联邦通信委员会。但是，1934 年法案并未强制要求为联邦专用或非联邦的频段进行具体划分；所有此类划分都源于

NTIA 和 FCC 之间的协议（见图 8.2）。事实上，超过 93%的 30GHz 以下频谱由联邦和非联邦用户共享。

图 8.1　FCC 和 NTIA 标志

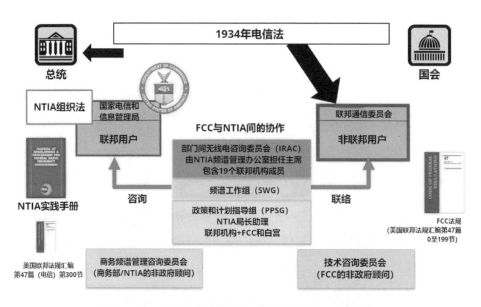

图 8.2　美国无线电监管流程交互结构图（源自：NTIA）

美国联邦法规汇编（CFR）由联邦公报办公室和政府出版局编制，是对联邦政府部门和机构一般和永久规则的编纂。CFR 包括 50 篇，其中第 47 篇是涉及所有与电信有关事项的部分。该篇的（47 CFR Parts 0～199）部分明确了 FCC 的角色，而（47 CFR Parts 300～499）部分明确了有关 NTIA 的内容（图 8.3）。

第 8 章 美国国家无线电管理机构

Electronic Code of Federal Regulations

e-CFR data is current as of April 3, 2018

Title	Volume	Chapter	Browse Parts	Regulatory Entity
Title 47 Telecommunication	1	I	0-19	FEDERAL COMMUNICATIONS COMMISSION
	2		20-39	
	3		40-69	
	4		70-79	
	5		80-199	
		II	200-299	OFFICE OF SCIENCE AND TECHNOLOGY POLICY AND NATIONAL SECURITY COUNCIL
		III	300-399	NATIONAL TELECOMMUNICATIONS AND INFORMATION ADMINISTRATION, DEPARTMENT OF COMMERCE
		IV	400-499	NATIONAL TELECOMMUNICATIONS AND INFORMATION ADMINISTRATION, DEPARTMENT OF COMMERCE, AND NATIONAL HIGHWAY TRAFFIC SAFETY ADMINISTRATION, DEPARTMENT OF TRANSPORTATION
		V	500-599	THE FIRST RESPONDER NETWORK AUTHORITY (Parts 500-599)

图 8.3　美国联邦法规汇编（CFR）第 47 篇

8.1　美国联邦通信委员会

FCC 负责监管州际和国际通过有线和无线电进行的通信，旨在为美国人民提供一视同仁的快速高效的全国和世界范围的通信服务，确保设施充足、收费合理。FCC 的一个重要目标是通过竞争机制支持美国经济发展。

FCC 有几个下属机构与无线电频谱管理业务相关，图 8.4 中用粉色框图标出的与其直接相关，紫色框图标出内容也与其相关：

（1）工程技术办公室负责制定 FCC 频谱划分决策、授予实验许可证和特别临时授权（STA）。

（2）规划和政策办公室致力于制定通信发展的战略计划。

（3）无线通信局实施频谱拍卖招标，管理无线通信业务。

（4）执法局负责频谱监测，以确保频谱的正确有效使用，最大限度地减少干扰。

（5）国际局管理国际电信和卫星计划和政策，包括授权许可。该局还在国外推广竞争政策，并在国际上扩展美国的利益。

FCC 采用称为"通知和评价法规制定"的立法过程。在此过程中，FCC 向公众发出通知，表示其正在考虑采用或修改频谱规则，并征求公众和业界的反馈意见。这项工作通过发布"拟议规则制定的通知（NPRM）"来完成。

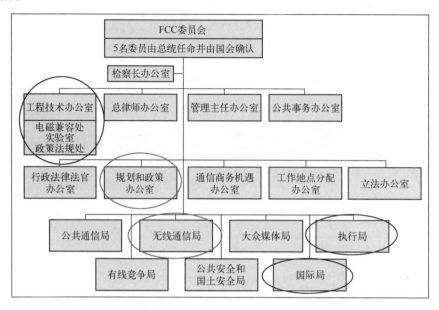

图 8.4　FCC 的组织架构（见彩插）

如图 8.5 所示，该过程通常从查询通知（NOI）开始，收集信息以便更好地准备 NPRM 提案。如果评价意见导致需要对原始提案进行较大的更改，则 NPRM 之后可能会发布拟议规则制定的进一步通知（FNPRM）。

图 8.5　通知和评价规则制定过程

任何相关方都可以提出意见。FCC 通常会提供 60 天的时间征集公众意见，之后还有 30 天的时间来回复意见。最终法规以报告和指令（R&O）的形式发布。FCC 网站上提供了一些有用的链接：其中有 CFR 的第 47 篇，还有可供提交评论并访问 NPRM、最终规则或其他人提交的评论等。参阅 www.fcc.gov/about-fcc/rulemaking-process。

美国频谱政策制定者正面临业界所描述的频谱容量紧缩问题，尤其是未来无线电行业可能要使用的几个频段。

从 1994 年起，FCC 开始拍卖无线电频谱许可证。拍卖活动向提交申请和预付款并被委员会认定为合格投标人的公司或个人开放。

8.2 美国国家电信和信息管理局

美国国家电信和信息管理局（NTIA）作为商务部下属的行政部门，主要依法负责就电信和信息政策问题向总统提供建议。

NTIA 扮演两个重要角色。首先，NTIA 和 FCC 共同确定无线电频谱的哪些部分将保留给联邦政府使用。其次，NTIA 对确定总统的电信政策负有主要责任。为此，NTIA 拥有大量研究人员，并经常就 FCC 的主要决策程序提交意见。

图 8.6 给出 NTIA 结构及其一些办公室的缩写。

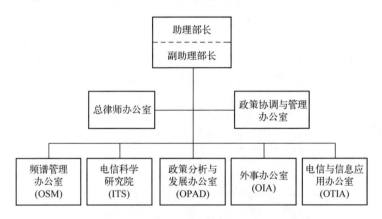

图 8.6　NTIA 与无线电频谱监管密切相关的组织机构

其中频谱管理办公室（OSM）旨在保护使用频谱的重要联邦政府业务，同时支持美国商业无线宽带业务的发展。电信科学研究院（ITS）位于科罗拉多州博尔德市，是 NTIA 的研究和工程部门（图 8.7），它负责干扰问题的研究、开发、测试和分析，以及其他相关任务。

政策分析与发展办公室（OPAD）专注于与公众使用互联网、无线电话和其他电信手段相关的公共政策。外事办公室（OIA）负责在国际舞台上宣传美国国家电信和信息政策。它还为互联网政策工作组提供关键支持，重点关注网络安全、全球信息自由流动和在线版权保护。

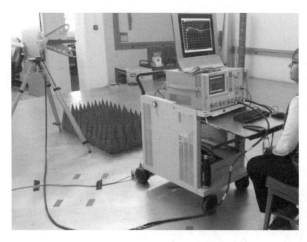

图 8.7　科罗拉多州博尔德市的 NTIA 研究场景

8.2.1　部门间无线电咨询委员会

如前所述，NTIA 管理分配给政府的所有频谱。这项艰巨的任务是在一个非常重要的委员会——部门间无线电咨询委员会（IRAC）的指导下完成。该委员会由使用频谱的所有联邦机构的代表组成（图 8.8）。

图 8.8　IRAC 的分委会

IRAC 委员会自 1922 年成立至今，NTIA 于 1978 年成立，IRAC 主席由 NTIA 担任，由来自 20 个联邦机构的代表及来自 FCC 的联络员组成。IRAC 协调 6 个分委会的工作，它们分别是：

(1) 频率指配分委会（FAS）。
(2) 无线电会议分委会（RCS）。

（3）空间系统分委会（SSS）。

（4）频谱规划分委会（SPS）。

（5）技术分委会（TSC）。

（6）应急计划分委会（EPS）。

频率指配分委会（FAS）负责频率的指配协调以及程序制定。只有 FAS 代表或候补代表有权在 FAS 议程上进行投票。频谱规划分委会（SPS）负责根据国家利益使用频谱来支持已有或预期的无线电业务，并负责在联邦活动中及联邦和非联邦活动间分配频谱。

技术分委会（TSC）负责处理频谱使用的技术问题。无线电会议分委会（RCS）负责准备国际电联会议相关内容，包括制定美国的提案和立场。空间系统分委会（SSS）负责联邦政府卫星系统在国际电联的国际注册。应急计划分委会（EPS）负责制定用频系统国家安全与应急准备（NSEP）计划。

IRAC 由来自 19 个机构或部门的代表组成，其中包括农业部、内政部、司法部、陆军、财政部、海岸警卫队、航空管理局、商务部、航空航天局、空军、海军、能源部、国务院、交通部、国土安全部、美国全球媒体署、退伍军人事务部等。美国国家海洋和大气管理局（NOAA）隶属于商务部。此外，IRAC 还有一名来自 FCC 的联络员（图 8.9）。

图 8.9　IRAC 委员会成员（源自：NTIA）

1）红皮书

NTIA 维护着一份 800 多页的文件，通常称为"红皮书"（图 8.10），书名是《联邦无线电频率管理法规和程序手册》，可以在 NTIA 网站上在线获取。

图 8.10 红皮书

图 8.11 是红皮书中的一个页面样例，并排显示了国际频率划分表、美国联邦和非联邦特定频率划分表。

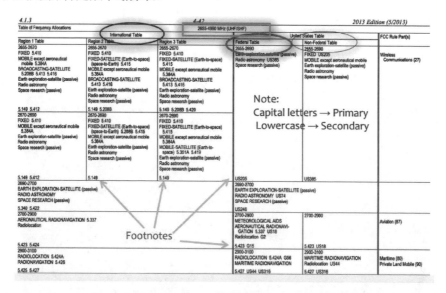

图 8.11 NTIA 联邦无线电频率管理法规和程序手册的页面样例

需要注意的是，大写字母和小写字母分别表示主要业务和次要业务。图 8.11 中列出了国际频率划分表，以及联邦和非联邦用途的频率划分，非联邦用途通常是指商业应用。

2）脚注

图 8.11 也给出了脚注的不同命名方法。ITU 脚注以数字 5 开头。当它们出

现在美国频率划分表中时，意味着它们已被 FCC 和/或 NTIA 采用。以字母“US”开头的脚注适用于美国联邦和非联邦划分，以“NG”开头的脚注仅适用于非联邦划分，而以“G”开头的脚注仅适用于联邦划分。

NTIA 红皮书上的脚注说明如图 8.12 所示。

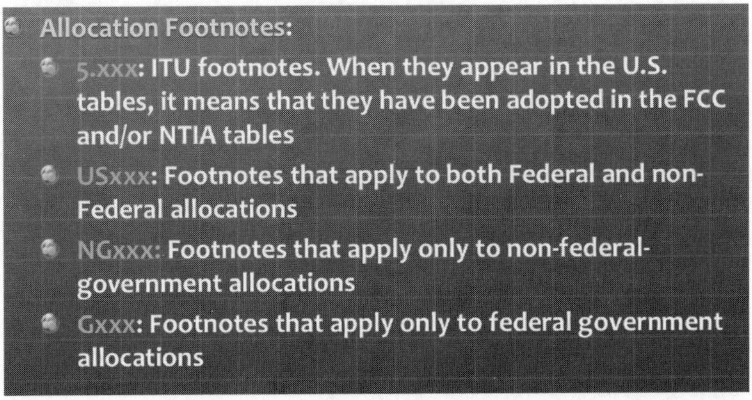

Allocation Footnotes:
5.xxx: ITU footnotes. When they appear in the U.S. tables, it means that they have been adopted in the FCC and/or NTIA tables
USxxx: Footnotes that apply to both Federal and non-Federal allocations
NGxxx: Footnotes that apply only to non-federal-government allocations
Gxxx: Footnotes that apply only to federal government allocations

图 8.12　NTIA 红皮书上的脚注说明

美国频率划分的信息如图 8.13 所示，详细信息可查阅红皮书和美国联邦法规汇编第 47 篇第 300 节（47 CFR 300）（图 8.11）。

UNITED
STATES
FREQUENCY
ALLOCATIONS
THE RADIO SPECTRUM

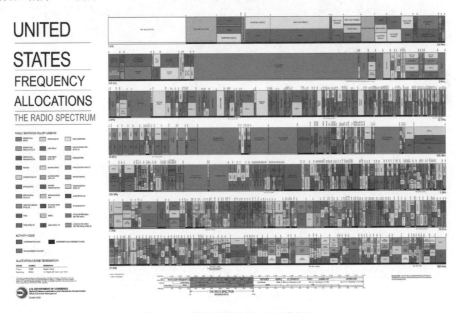

图 8.13　美国频率划分（见彩插）

需要注意的是，每项业务都有不同的颜色表示。大写和小写表示主要业务或次要业务状态。可以从 NTIA 或 FCC 网站下载该图表的高分辨率版本。放大可以看到每一行的底线，其中洋红色表示联邦专用，绿色表示非联邦业务，黑色表示政府和非政府共用。当一个频率范围显示多种颜色时，表示该频率范围由不同的业务共享使用。有时会在括号中说明业务是被动（仅接收）业务还是主动业务（既有发射又有接收）。超过 93%的 30GHz 以下频谱由联邦和非联邦业务共享使用。

8.3 其他相关机构

8.3.1 无线电频率委员会

另一个处理频谱规则的重要实体是无线电频率委员会（CORF）（图 8.14）。CORF 成立于 1961 年，是国际射电天文与空间科学频率划分科学委员会（IUCAF）的美国对口机构。CORF 隶属于美国国家科学、工程与医学院（NASEM），由国家科学基金会（NSF）和美国航空航天局（NASA）资助。

图 8.14 CORF

CORF 代表了美国科学家的利益，科学家们将无线电频率用于射电天文学和地球科学的研究与关键应用。CORF 还协调外展活动以提高对频谱问题的认识并向 FCC 提交评论。它出版并维护名为《科学用途的频率划分和频谱保护手册》，也称为《CORF 手册》。该手册是面向科学家、工程师和频谱管理人员的综合资源，其中包含有关监管机构、频率划分问题和相关科学背景等详细信息，以及对射电天文业务（RAS）和卫星地球探测业务（EESS）频谱保护问题的分析。

CORF 还定期发布其对国际电联相关议题的观点，例如"对 2019 年世界无线电通信大会（WRC-19）可能对 RAS/EESS 产生影响议题的观点"。此外，CORF 还协调开展研究工作，例如美国国家科学院（NAS）对主动 EESS 业务中频谱使用的研究，并于 2015 年出版了《在无线电频谱需求增加情况下的主动遥感战略》的出版物。

8.3.2 遥感频率划分技术委员会

遥感频率划分技术委员会（FARS）是由 IEEE 地球科学和遥感学会（GRSS）成立的一个技术委员会（TC），旨在维护遥感领域在频率划分相关问题上的利益。其成员由世界各地的志愿科学家和工程师组成。

此外，FARS-TC 通过会议和研讨促进 RFI 检测和缓解技术的发展，并推动不同领域研究人员之间的信息交流，以最大限度地减少系统之间的有害干扰。

8.4 美国与国际间的交互

美国对 WRC 的准备工作遵循国际进程，因此 NTIA 和 FCC 都对照 ITU-R 相应设立了一些工作组，如图 8.15 所示。

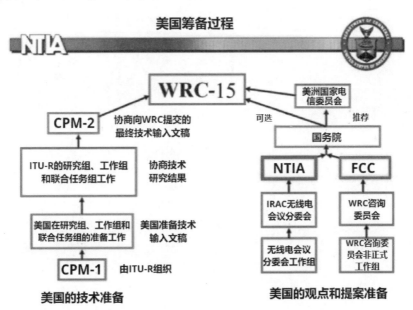

图 8.15 美国对 WRC 的筹备过程

美国无线电频谱管理方面的国际事务参与由国务院协调。图 8.16 来自 CORF 手册，描绘了围绕遥感业务无线电频谱管理，国际电联和美国无线电监管机构之间的关系。可以看出国际电联通过其第 7 研究组接收国际社会有关遥感业务的意见，这其中包括射电天文与空间科学频率划分科学委员会（IUCAF）、国际无线电科学联盟（URSI）、遥感频率划分委员会（FARS）和国际空间研究委员会（COSPAR）的意见。

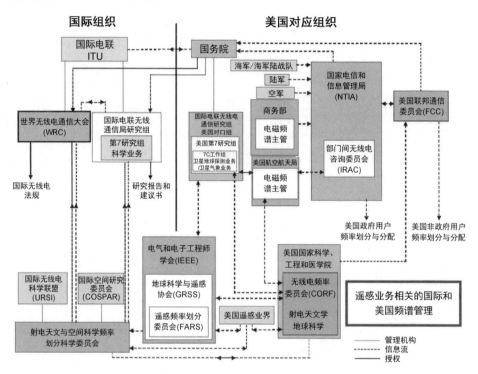

图 8.16　美国国家和国际层面机构之间就 EESS 无线电法规的交互

美国国务院协调 NTIA 和 FCC，对应 ITU-R 设置第 7 研究组和 7C 工作组的国内对口组。来自联邦机构的输入文稿通过 NTIA 提交，来自私营部门的输入文稿通过 FCC 提交。图 8.16 还描述了 FARS 和 CORF 的作用。需要注意的是，联邦科学机构也可以通过 CORF 表达他们对 FCC 拟议规则制定的通知（NPRM）的关注。国务院协调美国代表团参加国际电联世界无线电通信大会，并表达美国对无线电规则修订的立场。

图 8.17 描述了一个类似的交互过程，不过是用于规范射电天文业务（RAS）的频谱。

与 EESS 业务情况一样，美国国务院协调 NTIA 和 FCC，对应 ITU-R 设置了 7D 工作组的国内对口组。

第8章 美国国家无线电管理机构

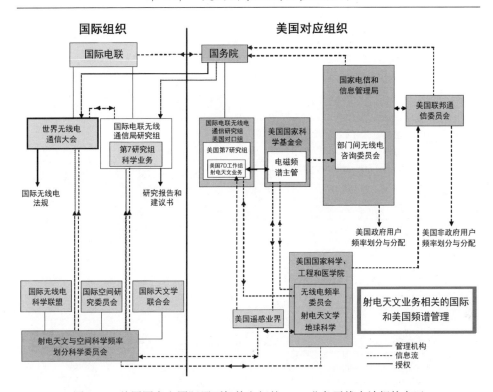

图8.17 美国国家和国际层面机构之间就RAS业务无线电法规的交互

第 9 章 WRC 议题

本章将介绍世界无线电通信大会（WRC）的议题（AI）示例，目的是使读者了解 WRC 大会讨论的议题类型及其对不同类型业务的影响。

如前所述，WRC 大会的议题是由上一届 WRC 大会确定的。从那时起，主管部门和区域组织就是否改变现有规则展开讨论，以形成立场和提案。如图 9.1 所示，第 809 号决议（WRC-15）提供了 2019 年世界无线电通信大会的议题清单。当届 WRC 大会最后的议题是确定下一届 WRC 大会的议题和后续 WRC 大会的初步议题。

RESOLUTION 809 (WRC-15)

Agenda for the 2019 World Radiocommunication Conference

The World Radiocommunication Conference (Geneva, 2015),

considering

a) that, in accordance with No. 118 of the ITU Convention, the general scope of the agenda for a world radiocommunication conference should be established four to six years in advance and that a final agenda shall be established by the ITU Council two years before the conference;

b) Article 13 of the ITU Constitution relating to the competence and scheduling of world radiocommunication conferences and Article 7 of the Convention relating to their agendas;

c) the relevant resolutions and recommendations of previous world administrative radio conferences (WARCs) and world radiocommunication conferences (WRCs),

recognizing

a) that this conference has identified a number of urgent issues requiring further examination by WRC-19;

b) that, in preparing this agenda, some items proposed by administrations could not be included and have had to be deferred to future conference agendas,

resolves

to recommend to the Council that a world radiocommunication conference be held in 2019 for a maximum period of four weeks, with the following agenda:

1 on the basis of proposals from administrations, taking account of the results of WRC-15 and the Report of the Conference Preparatory Meeting, and with due regard to the

图 9.1 809 号决议（WRC-15）

此外，每个议题都通过一个专门的决议明确。例如，WRC-19 AI 1.3 在 WRC-15 Res. 766 中明确。议题对应的决议更详细地描述了议题设立的目的和主要考虑。

第 9 章 WRC 议题

9.1 WRC-15 议题

表 9.1 列出了 2015 年世界无线电通信大会的议题。

表 9.1 WRC-15 大会议题

议题	描述
1.1	根据第 233 号决议（WRC-12），审议为作为主要业务的移动业务做出附加频谱划分，并确定 6GHz 以下国际移动通信（IMT）的附加频段及相关规则条款，以促进地面移动宽带应用的发展
1.2	审查 ITU-R 根据第 232 号决议（WRC-12）开展的、有关 1 区移动业务（航空移动除外）使用 694~790MHz 频段的研究结果并采取适当措施
1.3	根据第 648 号决议（WRC-12），审议并修订有关宽带公共保护和赈灾（PPDR）的第 646 号决议（WRC-12，修订版）
1.4	按照第 649 号决议（WRC-12），考虑在 5250~5450kHz 频段为作为次要业务的业余业务进行一项可能的新划分
1.5	根据第 153 号决议（WRC-12），考虑将划分给无须遵守附录 30、30A 和 30B 规定的卫星固定业务的频段用于非隔离空域无人机系统（UAS）的控制和非有效载荷通信
1.6	分别根据第 151 号决议（WRC-12）和第 152 号决议（WRC-12），并在考虑 ITU-R 研究结果的同时，考虑做出以下可能的主要业务附加划分：1.6.1 在 1 区的 10~17GHz 范围内为卫星固定业务（地对空和空对地）增加 250MHz；1.6.2 在 2 区和 3 区的 13~17GHz 范围内为卫星固定业务（地对空）分别增加 250MHz 和 300MHz
1.7	按照第 114 号决议（WRC-12，修订版）审议卫星固定业务（地对空）对 5091~5150MHz 频段的使用（限于卫星移动业务的非对地静止移动卫星系统的馈线链路）
1.8	在根据第 909 号决议（WRC-12）开展的研究基础上，审议与船载地球站（ESV）相关的条款
1.9	根据第 758 号决议（WRC-12）考虑：1.9.1 在遵守适当共用条件的前提下，在 7150~7250MHz 频段（空对地）和 8400~8500MHz 频段（地对空）为卫星固定业务做出可能的新划分；1.9.2 根据相关研究结果，将 7375~7750MHz 频段和 8025~8400MHz 频段划分给卫星水上移动业务的可能性及额外的规则措施
1.10	根据第 234 号决议（WRC-12），考虑在 22~26GHz 的频率范围内卫星移动业务地对空和空对地方向（包括涵盖国际移动通信（IMT）的宽带应用的卫星部分）的频谱需求并考虑做出可能的附加频谱划分
1.11	根据第 650 号决议（WRC-12），考虑在 7~8GHz 范围内为卫星地球探测业务（地对空）做出主要业务划分
1.12	根据第 651 号决议（WRC-12），考虑在 8700~9300MHz 和/或 9900~10500MHz 频段内，将目前 9300~9900MHz 频段内卫星地球探测（有源）业务的全球划分最多扩展 600MHz
1.13	根据第 652 号决议（WRC-12）审议第 5.268 款，以便审查增加 5km 的距离限制，并允许与轨道载人航天器通信的航天器使用空间研究业务（空对空）进行近距操作的可能性
1.14	根据第 653 号决议（WRC-12），考虑通过修改协调世界时（UTC）或一些其他方式，实现连续的基准时标的可行性并采取适当行动
1.15	根据第 358 号决议（WRC-12）考虑水上移动业务船载通信电台的频谱需求
1.16	根据第 360 号决议（WRC-12），审议有助于引入可能的新自动识别系统（AIS）技术应用和新应用方面的规则条款并考虑相关的频谱划分，以改善水上无线电通信

续表

议题	描述
1.17	按照第423号决议（WRC-12），考虑可能的频谱需求和规则行动，包括适当的航空划分，以支持无线航空电子设备机内通信（WAIC）
1.18	根据第654号决议（WRC-12），考虑在77.5~78.0GHz频段为无线电定位业务的汽车应用做出主要业务划分

本节将介绍一些议题的研究结果。例如，WRC-15 AI 1.12拟将合成孔径雷达（SAR）使用的X频段EESS（有源）频率划分，从9.3~9.9GHz扩大到9.9~10.5GHz，新增了600MHz带宽，并增加保护现有业务的条款。增加划分的目的是为下一代SAR传感器提供更高的分辨率。

在这种情况下，新业务必须遵守Rec. RA.769和Rec. RA.1513建议书中规定的保护RAS业务的干扰阈值水平，以保护射电天文设施免受干扰。值得注意的是，此EESS频率扩展带宽仅供工作带宽大于600MHz的有源传感器使用。这将为下一代SAR传感器提供小于30cm的更高图像分辨率。

WRC-15的另一个有趣的议题是AI 1.17，它为无线航空电子设备机内通信（WAIC）寻找频谱划分，以部分取代商用飞机中的有线通信。对于波音747飞机而言，这些电线的质量可达5700kg（接近13000磅），如图9.2所示。无线设备的重量减轻会大幅节约燃油。

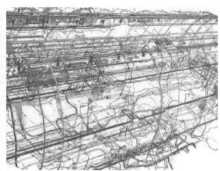

图9.2 商用飞机及机内通信线缆

新增频率划分不是用于乘客通信或机上娱乐，而是用于飞行的安全和正常运行。为WAIC系统考虑了几个频段，但研究表明仅4.2~4.4GHz频段有可能共享使用。该频段以前专用于飞机上的无线电高度计及其地面转发器，以及作为次要业务的无源EESS。

WRC-15 AI 1.18考虑在77.5~78.0GHz频段为汽车防撞雷达无线电定位业务做出主要业务划分。这与美国立场一致。NASA也期待能够实现这一新增主要业务划分,希望该频段的汽车雷达应用将进一步减少对于目前汽车雷达频段 23.6~24GHz 的使用,最终释放一些频谱用于其他重要的科学用途。

然而,RAS 业界的一些代表担心道路上数百万辆汽车的集总效应(每个雷达功率约 5W)将对射电望远镜产生潜在无线电干扰。然而,ITU-R M.2322 将这个问题归结到由每个国家自己解决。用于检测大气气体的一些谱线也在此频率范围内(图 9.3,图 9.4)。

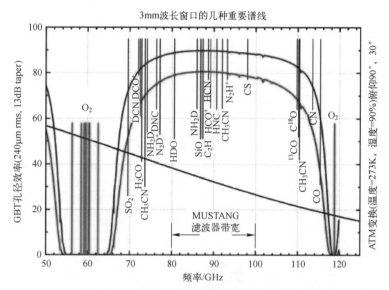

图 9.3 77~78GHz 频段内用于检测几种大气气体的谱线

图 9.4 绿湾射电天文望远镜(GBT)探测气体分子示意图

一些 RAS 设施使用该频段研究恒星形成区域和附近星系（70~80GHz）的致密气体示踪剂。

9.2 WRC-19 议题

表 9.2 列出了 WRC-19 大会的议题情况。

表 9.2 WRC-19 大会议题

议题	描述
1.1	根据第 658 号决议（WRC-15），审议在 1 区将 50~54MHz 频段划分给业余业务
1.2	根据第 765 号决议（WRC-15），审议在 401~403MHz 和 399.9~400.05MHz 频段内卫星移动业务、卫星气象业务和卫星地球探测业务中操作的地球站的带内功率限值
1.3	根据第 766 号决议（WRC-15），考虑将 460~470MHz 频段内卫星气象业务（空对地）的次要划分升级为主要划分和为卫星地球探测业务（空对地）提供主要业务划分的可能性
1.4	根据第 557 号决议（WRC-15），审议研究结果，考虑附录 30（WRC-15，修订版）附件 7 所述限制并在必要时对其进行修订，同时确保保护规划和列表中的指配、规划内卫星广播业务未来的发展以及现有和规划中卫星固定业务网络，且不对其施加额外限制
1.5	根据第 158 号决议（WRC-15），审议与卫星固定业务对地静止空间电台进行通信的动中通地球站对 17.7~19.7GHz（空对地）和 27.5~29.5GHz（地对空）频段的使用并采取适当行动
1.6	审议根据第 159 号决议（WRC-15），为可能在 37.5~39.5GHz（空对地）、39.5~42.5GHz（空对地）以及 47.2~50.2GHz（地对空）和 50.4~52.4GHz（地对空）频段内操作的非 GSO FSS 卫星系统制定规则框架
1.7	根据第 659 号决议（WRC-15），研究承担短期任务的非对地静止卫星空间操作业务测控的频谱需求，评定空间操作业务现有划分是否适当并在需要时考虑新的划分
1.8	根据第 359 号决议（WRC-15，修订版），审议可能采取的规则行动，以支持全球水上遇险和安全系统（GMDSS）现代化并支持为 GMDSS 引入更多卫星系统
1.9	在 ITU-R 的研究结果基础上考虑： 1.9.1 根据第 362 号决议（WRC-15），在 156~162.05MHz 频段内为保护 GMDSS 和自动识别系统（AIS）的自主水上无线电设备采取规则行动； 1.9.2 修改《无线电规则》，其中包括优先选择在附录 18 的频段内(156.0125~157.4375MHz 和 160.6125~162.0375MHz)，为卫星水上移动业务（地对空和空对地）进行新的频谱划分，以实现新的 VHF 数据交换系统(VDES)卫星部分，同时确保该卫星部分不会降低现有 VDES 地面部分、特殊应用报文（ASM）、AIS 的运行质量，且不给第 360 号决议（WRC-15，修订版）"认识到 d)和 e)"所述频段及相邻频段内的现有业务带来更多限制
1.10	根据第 426 号决议（WRC-15），考虑关于引入和使用全球航空遇险和安全系统（GADSS）的频谱需求和规则条款
1.11	根据第 236 号决议（WRC-15），酌情采取必要行动促进全球或区域性的统一频段，以便在现有移动业务划分内为列车与铁轨旁的铁路无线电通信系统提供支持
1.12	根据第 237 号决议（WRC-15），在现有移动业务划分下，尽可能为实施演进的智能交通系统（ITS）考虑可能的全球或区域统一频段

第 9 章　WRC 议题

续表

议题	描述
1.13	根据第 238 号决议（WRC-15），审议为国际移动通信（IMT）的未来发展确定频段，包括作为主要业务的移动业务做出附加划分的可能性
1.14	根据第 160 号决议（WRC-15），在 ITU-R 所开展研究的基础上，考虑在现有固定业务划分内，对高空平台台站（HAPS）采取适当的规则行动
1.15	根据第 767 号决议（WRC-15），考虑为主管部门确定在 275~450GHz 频率范围操作的陆地移动和固定业务应用所使用的频率
1.16	根据第 239 号决议（WRC-15），审议 5150~5925MHz 频段内包括无线局域网在内的无线接入系统（WAS/RLAN）的相关问题，并采取适当规则行动，包括为移动业务做出附加频谱划分

例如，AI 1.6 考虑非对地静止轨道 FSS 卫星系统在 37.5~39.5GHz（空对地）、39.5~42.5GHz（空对地）以及 47.2~50.2GHz（地对空）和 50.4~52.4GHz（地对空）频段内操作的可行性。

如图 9.5 所示，美国频率划分表中，在 36~37GHz 频段 EESS 和空间研究无源业务与固定业务和移动业务同为主要业务划分；50.2~50.4GHz 频段是专用无源探测业务划分。

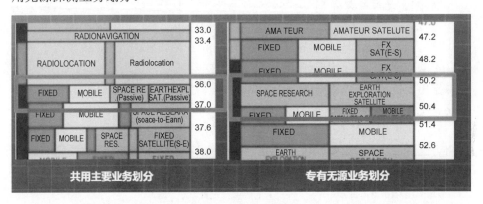

图 9.5　36~37GHz 和 50.2~50.4GHz 频段的主要业务和专有无源分业务划分情况

SSM/I、GMI、AMSR2 和 ATMS 等现有的 EESS（无源）传感器在这些频段开展观测工作，这对于天气和气候研究至关重要。这些传感器通过上述频段观测大气中的水汽、云、海风、海冰、降雪和冰川融化等情况。如图 9.6 所示。

鉴于议题部分研究频段与无源遥感使用的频段重叠，新增划分可能对 NASA 数据通信信号和无源遥感观测产生影响，因此 NASA 对此议题表示关注。无线电频率委员会（CORF）还建议开展额外的研究工作，以确保对这些科学业务的保护。

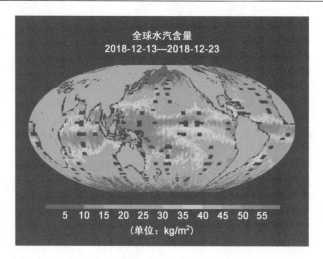

图 9.6　Jason 2/Jason 3 卫星辐射计观测的全球水汽含量情况

辐射计使用 18GHz、24GHz 和 37GHz 频段，通过组合观测算法获取全球水汽含量信息，单位为 kg/m^2。

而 1.16 议题考虑将 5150～5925MHz 频率用于无线接入系统。虽然使用这个相对较高的频率（与移动电话使用的典型频率相比）可以为无线通信提供多重优势。但 CORF 指出，Sentinel 1A、EnviSat、Radarsat-2、Jason-3 等卫星和机载主动遥感 EESS 传感器使用 5.3～5.5GHz 频段观测地表形变情况。这些观测数据用于监测火山、地震和冰川运动，以及监测农作物生长、森林生态系统变化和海面矢量风等。

NASA 表示，如果在该频段新增划分，5350～5470MHz 频段的无源遥感任务将会受到严重影响。CORF 也指出，兼容性研究工作对于确保这些造福人类社会的业务免受无线电干扰至关重要，只有在兼容性分析可行的前提下才可以对该频段新增额外划分。

9.2.1　第五代移动通信（5G）

1.13 议题考虑在 24.5～86GHz 的部分频段为国际移动通信（IMT）新增频率划分（图 9.7）。这将扩展移动通信的服务能力，并能够提供互联网接入、IP 语音、视频聊天、游戏和流媒体等服务。智能手机、平板电脑和其他设备越来越多地使用其中的许多功能。

5D 工作组研究了 IMT 在这些更高频段（24.25～33.4GHz、37～52.6GHz 和 66～86GHz）的频谱需求，并于 2017 年 2 月以"24.25～86GHz 频率范围内 IMT 地面部分的频谱需求"为题，出版了 ITU-R M.2083 建议书的临时文件。

可在 www.itu.int/en/ITU-R/study-groups/rsg5/网址查阅。

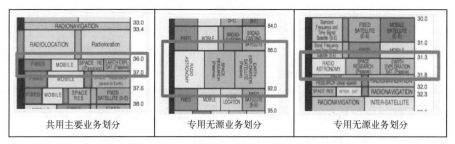

图 9.7 频率划分表显示 1.13 议题研究频段的科学业务使用情况

毫无疑问，IMT 对全球通信非常重要，在提高全球贸易竞争力方面发挥着重要作用，但 ITUIMT-2020 规划要求传输速度高达 20Gb/s，这需要在非常大的带宽下才能实现。微波/毫米波（例如 28GHz、31GHz、50GHz 和 86GHz）可以提供这些大带宽技术，但它们有一个明显的缺点，即信号受大气传播的影响大，无法像较低频率那样传播很远的距离。它们在传播路径（空气或大气）中衰减很大，因此 5G 系统将需要更多的蜂窝基站，而且它们之间的距离要近得多。

IMT-2000 和 IMT-Advanced 标准：

几十年来，国际电联一直在协调公共部门和私营部门之间的利益，以开发全球宽带多媒体 IMT 系统，涵盖频谱使用和技术标准等关键问题。第一个标准称为 IMT-2000（第 3 代或 3G）和 IMT-Advanced（第 4 代或 4G）。IMT-2020（5G）系统包含新的移动系统功能，旨在提供对机动性从低到高的广泛应用接入能力（例如互联网接入、更高用户密度、低延迟通信，包括 IP 语音、视频聊天、游戏服务、物联网和增强的流媒体），以及大动态范围的数据传输速率，以满足多用户环境中的用户和服务需求[国际电联，2017]。

31.3～31.5GHz、50.2～50.4GHz 和 86～92GHz 频段是无源业务专属频段，因此必须在不影响主要业务的前提下实现有效频谱使用。特别是 22～28GHz 频段被气象卫星用来测量大气中的水汽量；36～37GHz 频段被用来精确测量降雨和降雪；50GHz 频段用于反演大气温度；86～92GHz 频段用于监测云和冰的含量（图 9.7）。ITU-R RS.515 建议书中的表 1 给出了在每个指定频段用于测量地球物理参数的综合列表。需要通过所有这些地球物理参数来预测风暴的发生和发展，以及其是否包含冰雹、冰或水，并准确预测其路线。因此，许多气象学家和科学家担心，将这些重要频段的邻频引入 5G 手机网络，可能会严重影响对于风暴的预测。

从图 9.7 美国频率划分表中可以看出，EESS（无源）在 36～37GHz 频段也有一个共同主要划分，是拟新增划分的邻频。当前工作在这些频段的大多数传感器设计上都没有考虑会有近邻频的移动通信业务。由于混频器和其他组件产生的谐波，除非专门设计高质量的滤波器，许多电子设备会产生与其中心工作频率相邻的信号，有时会超出其带宽。但现实中由于成本以及其他因素限制，很少有系统这样做。因此，在 CORF 的一份报告强烈建议设置保护频带，以保护无源业务免受杂散发射的影响。

需要特别关注的是来自数千个 IMT 发射机的集总效应干扰。无源传感器使用的频率范围往往相当宽，以减少这些频率下接收机噪声的影响。因此，这些频段也很容易受到带外辐射（OOBE）的影响。

这些频段也与 NASA 的多个业务应用重叠，因此对 NASA 数据通信和被动遥感系统有很大的潜在不利影响。图 9.8 是一个典型的例子，其观测结果是基于 NASA Aqua 卫星上的 TRMM 微波成像仪（TMI）和 AMSR-E 89GHz 数据（用于校准），用于监测飓风引起的降雨率。

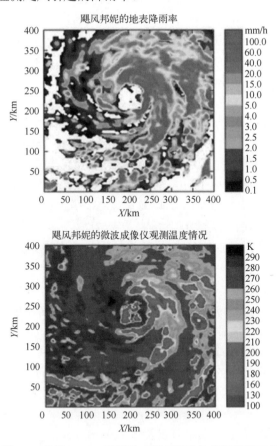

图 9.8　使用 85GHz 无源传感器观测飓风邦妮的降雨率

9.2.2　275GHz 以上频率

议题 1.15 研究 275~450GHz 频段内的陆地移动业务和固定业务应用的划分。有大量 EESS 传感器在这个频率范围内观测地球物理参数，例如柱状水气、大气温度和化学成分（臭氧层和碳循环）等。例如，AURA 卫星上的微波临边探测器（MLS）（图 9.9）使用 640/2400GHz 来研究臭氧层。这些观测对于天气预报和气候研究至关重要。

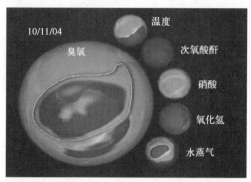

图 9.9　NASA 地球观测系统（EOS）上的微波临边探测器（MLS）

NASA 地球观测系统（EOS）中 Aura 卫星上的微波临边探测仪（MLS）是星载的四种仪器之一。

基于上述原因，NASA 和 CORF 都建议保护 275GHz 以上的无源 EESS 和 RAS。

如图 9.10 所示，可以观察到在 275~450GHz 频段范围内几个重要的大气分子共振频率。

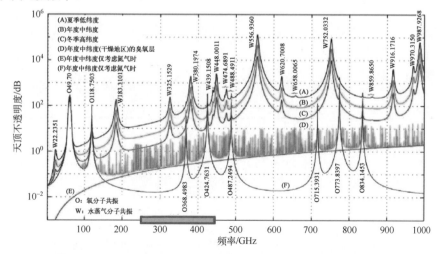

图 9.10　卫星地球探测业务常用无线电频谱中的大气天顶不透明度

ITU-R RS.2194 报告列出了 275GHz 以上具有科学意义的无源频段。该报告于 2010 年发布，截至 2019 年仅提供英文版（图 9.11）。

图 9.11　TTU-R RS.2194 报告

通过对 WRC-15 和 WRC-19 的议题的分析，以及 CORF 和 NASA 的一些建议考虑，可以对 WRC 议题的主题有所了解，特别是进一步了解议题研究决议对于人类当前使用的不同类型的无线电业务可能产生的影响。

9.3　WRC-23 议题

表 9.3 列出了 WRC-23 的议题情况（译者按：在该书原版出版时 WRC-19 尚未召开，而在中文版尚未出版之际，WRC-23 议题已经发布且 WRC-23 召开在即，为给读者呈现最新的 WRC 议题信息，译者在本章中增加了 9.3 节，简要介绍 WRC-23 议题情况）。

表 9.3　WRC-23 议题

议题	描述
1.1	根据 ITU-R 的研究结果，审议可能的措施，以解决 4800～4990MHz 频段内保护国际空域和水域中航空和水上移动业务电台免受位于各国领土内其他电台影响的问题，并根据第 223 号决议（WRC-19，修订版）审议第 5.441B 款中的功率通量密度（pfd）标准
1.2	根据第 245 号决议（WRC-19），审议确定将 3300～3400MHz、3600～3800MHz、6425～7025MHz、7025～7125MHz 和 10.0～10.5GHz 频段用于国际移动通信（IMT），包括为作为主要业务的移动业务做出附加划分的可能性
1.3	根据第 246 号决议（WRC-19），考虑在 1 区 3600～3800MHz 频段内为移动业务做出主要业务划分并采取适当的规则行动

第9章 WRC 议题

续表

议题	描述
1.4	根据第 247 号决议（WRC-19），考虑在全球或区域范围内，在已为 IMT 确定的 2.7GHz 以下的某些频段内的移动业务中，将高空平台电台用作 IMT 基站（HIBS）
1.5	根据第 235 号决议（WRC-15），审议 1 区 470~960MHz 频段内现有业务的频谱使用和频谱需求，并在该项审议的基础上考虑在 1 区就 470~694MHz 频段采取可能的规则行动
1.6	根据第 772 号决议（WRC-19），审议促进亚轨道飞行器无线电通信的规则条款
1.7	根据第 428 号决议（WRC-19），考虑在 117.975~137MHz 的全部或部分频段内新增卫星航空移动（R）业务的划分，用于支持地对空和空对地两个方向上的航空 VHF 通信，同时防止对在航空移动（R）业务、航空无线电导航业务中操作的现有 VHF 系统及相邻频段施加不必要的限制
1.8	在 ITU-R 根据第 171 号决议（WRC-19）开展的研究的基础上，考虑采取适当规则行动，以便审议并在必要时修订第 155 号决议（WRC-19，修订版）和第 5.484B 款，从而满足无人机系统的控制和非有效载荷通信对卫星固定业务的使用
1.9	根据第 429 号决议（WRC-19），在 ITU-R 研究的基础上审议《无线电规则》附录 27 并考虑适当的规则行动和更新，以便将划分给航空移动（R）业务的现有 HF 频段中的商用航空生命安全应用的数字技术包含在内，并且确保当前的 HF 系统与现代化改造后的 HF 系统的共存
1.10	根据第 430 号决议（WRC-19），为航空移动业务可能引入新的非安全航空移动应用开展有关频谱需求、与无线电通信业务的共存和规则措施的研究
1.11	根据第 361 号决议（WRC-19，修订版），审议可能的规则行动，以支持全球水上遇险和安全系统（GMDSS）的现代化，并实施电子航海（e-navigation）
1.12	根据第 656 号决议（WRC-19，修订版），在考虑对现有业务，包括对相邻频段中业务的保护情况下，在 WRC-23 之前开展并完成在 45MHz 附近频率范围内可能给予卫星地球探测业务（有源）一个新的次要划分、用于星载雷达探测器的研究
1.13	根据第 661 号决议（WRC-19），考虑将 14.8~15.35GHz 频段内空间研究业务的划分升级的可能性
1.14	根据第 662 号决议（WRC-19），审议并考虑在 231.5~252GHz 频率范围内对卫星地球探测业务（无源）现有频率划分的可能调整或可能新增主要业务频率划分，以确保与更多最新的遥感观测要求保持一致
1.15	根据第 172 号决议（WRC-19），在全球统一与卫星固定业务对地静止空间电台通信的机载和船载地球站对 12.75~13.25GHz 频段（地对空）的使用
1.16	根据第 173 号决议（WRC-19），研究和酌情制定技术、操作和规则措施，以推动非对地静止卫星固定业务动中通地球站使用 17.7~18.6GHz、18.8~19.3GHz 和 19.7~20.2GHz（空对地）以及 27.5~29.1GHz 和 29.5~30GHz（地对空）频段，同时确保对这些频段内的现有业务提供应有的保护
1.17	在 ITU-R 根据第 773 号决议（WRC-19）开展的研究基础上，确定和开展适当规则行动，通过酌情增加卫星间业务划分，在具体频段或这些频段的部分内提供星间链路
1.18	根据第 248 号决议（WRC-19），针对窄带卫星移动系统的未来发展，考虑开展与卫星移动业务的频谱需求和潜在新划分相关的研究
1.19	根据第 174 号决议（WRC-19），审议在 2 区 17.3~17.7GHz 频段为卫星固定业务的空对地方向新增一项主要业务划分，同时保护该频段内的现有主要业务

第 10 章 无源业务的频谱挑战

本章介绍了无源遥感器面临的特殊挑战、无源遥感器操作的基础知识，列举了无源遥感器面临的挑战示例，并给出了国际电联无线电通信部门（ITU-R）相关文件。

10.1 无源遥感器（辐射计）的基本操作

如前所述，无源遥感器作为高度灵敏度的接收机，能够接收地球和其他目标发出的"类噪声"自然辐射信号，这些信号通常小于辐射计系统产生的噪声信号。基础辐射计通常由天线、Dicke 开关、低噪声放大器（LNA）和积分器组成，最后是数据存储、显示和处理部分，如图 10.1 所示。为便于处理，混频器将接收到的射频信号下变频到较低频率的中频信号。

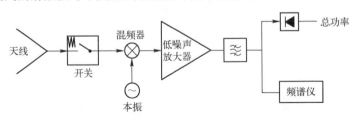

图 10.1 基础辐射计图

辐射计的灵敏度（观测极小信号的能力）与总（观测）时间 τ 和系统带宽 BW 成反比，如下式所示：

$$\Delta T = \frac{1}{\sqrt{\tau \cdot \mathrm{BW}}}$$

理论上，可以通过增加观察时间 τ 来提高灵敏度。然而，对于星载辐射计，总时间取决于信号从卫星到地球目标（研究区域）的传播时间。

图 10.2 示出巴巴多斯云观测站的水蒸气辐射计。

带有噪声注入的 Dicke 辐射计简图如图 10.3 所示。

第 10 章　无源业务的频谱挑战

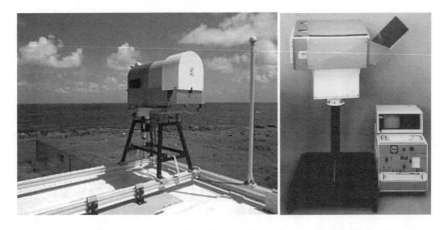

图 10.2　巴巴多斯云观测站的水蒸气辐射计（左）；K 波段辐射计（右）

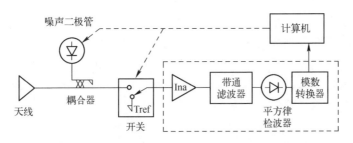

图 10.3　带有噪声注入的 Dicke 辐射计简图

对于地面射电天文传感器，τ 取决于随着地球自转而能够看到天体的时间。因此，只能通过增加系统带宽来提高探测灵敏度。当然，这意味着需要更多的频谱资源。

就射电天文业务（RAS）传感器而言，通常在很宽的频率范围内进行探测，甚至在未分配的频带内工作，旨在提高探测灵敏度。

射电天文辐射计用于探测天文谱线，以研究类星体、黑洞、暗物质、行星和宇宙微波背景辐射等。

宇宙微波背景辐射简称 CMB，被认为是"大爆炸"的剩余辐射，即宇宙早期的残余物。在观测地球的物理特性时，比如海面温度和海平面高度，这种残余辐射是一个需要考虑的重要因素。

由于宇宙一直处于膨胀之中，而且星系围绕其他宇宙物体运动，根据多普勒效应，频率会出现高低变化。

当天体远离地球时，在检测到的共振谱线中会观察到频率的红移（远离导致频率降低）。相反，当天体接近地球上或地球附近的传感器时，就会出现蓝移。因此，不仅是在特定的共振频率观测，而且需要额外的频谱来观测这些运动（图 10.4）。

图 10.4　目标和传感器的相对运动引起红移和蓝移（见彩图）

这就是射电天文业务无源遥感器需要额外射频频谱的原因，不仅是为了提高灵敏度，也是为了检测多普勒频移。

对科学家和工程师以及频谱管理人员来说，在有源传感器数量不断增加的环境中，从无源遥感器获取可靠观测数据成为巨大的挑战。数以万计的卫星环绕地球，其中许多直接飞过射电天文业务设施。

美国国家航空航天局的在轨地球科学卫星如图 10.5 所示。

一些射电天文业务设施存在无线电静区（RQZ）即便如此，通信卫星的谐波有时也会造成有害干扰（图 10.6）。

可能的解决方案是：卫星在飞越无源设备、协调网站、装配雷达的陆地车辆时，关闭 GPS 发射机。但是，由于成本或责任等多种因素，很多设备不具备该项功能。

以铱星为例，铱星星座由 66 颗卫星组成，为卫星电话、物联网（IoT）和其他应用提供语音和数据服务，并计划发射更多卫星。2019 年 1 月，下一代铱星系统的最后 10 颗卫星被送入轨道。它们在晚上看起来是会发光的球体，称为铱星耀斑，人们甚至可以在全球范围内追踪它们。

前面章节提到过带外辐射（OOBE）的概念。尽管国际电联声明（参见 ITU-R 无线电规则的脚注 5.372），主管部门也正在敦促采取一切切实可行的措施保护射电天文业务免受该频段的有害干扰，但射电天文观测在 1610.6～1613.8MHz 仍受到了在 1613.8～1626.5MHz 频段工作的铱星卫星的有害干扰。该案例已被 CORF、CRAF 和其他几个实体单位记录在案。

Globalstar、Orbcomm 和 Inmarsat 是通信卫星星座的其他案例。Planet 航空航天公司有一个卫星星座用来拍摄地球的照片。此外，SpaceX 计划发射大约 12000 颗商业卫星，以在全球范围内提供互联网接入服务。其中，4425 颗卫星的轨道距离约为 1125km、7518 颗卫星的轨道距离约为 320km，并使用不同的无线电频率资源。

第 10 章　无源业务的频谱挑战

图 10.5　美国国家航空航天局的在轨地球科学卫星

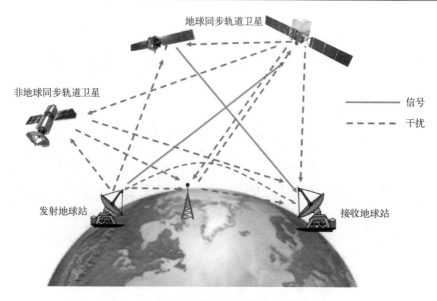

图 10.6　来自不同类型卫星的潜在射频干扰

阿雷西博（波多黎各北部港口城市）天文台（图 10.7）是无源遥感器面临挑战的一个例子。该射电天文设施具有作为无源和有源遥感器运行的能力。截至 2019 年，它是世界上最大的射电天文雷达，也是世界第二大射电天文辐射计。最大的射电天文辐射计在中国，但它只能用作辐射计，不能用作雷达。

图 10.7　世界最大的阿雷西博天文台射电天文雷达天线

第 10 章　无源业务的频谱挑战

阿雷西博天文台可以在 300MHz～10GHz 范围内运行，其接收机能够检测低至-250dBW/m²Hz 的信号（即小数点后 25 个 0）。天文台的直径为 305m，能容纳 23 个足球场。

大口径天线的方向性非常好，具有观测遥远宇宙物体所需的空间分辨率。射电天文望远镜对类噪声信号非常敏感，它的传感器可以通过旁瓣与主瓣接收到与来自遥远星系的天文信号量级相当或更低的干扰信号。

位于波多黎各拉哈斯的国防部系留浮空器雷达系统（图 10.8）工作在 L 频段，用来监视海上毒品运输船只。它有一个 44°的空白角，以避免对阿雷西博天文台造成射频干扰。该岛北部的其他监视雷达与其配合实现对整个北海岸毒品运输船只的监视。这是个成功通过协调避免射频干扰的例子。图 10.9 给出了 2014 年的 8 个月内阿雷西博天文台射频干扰发生率与频率的关系。

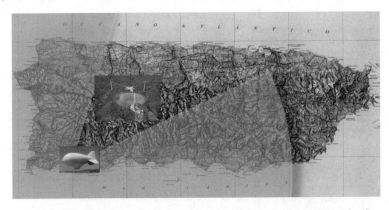

图 10.8　系留浮空器雷达系统具有 44°的空白角，以防止 RFI 影响阿雷西博天文台

图 10.9 中的红线是信号干扰的阈值。需要注意的是，有些信号幅度远高于阈值，这很容易将它们识别为射频干扰信号。问题在于，有时射频干扰信号的幅度可能与真实信号相似，这使得区分非常困难，在这种情况下，会在测量结果中引入误差。图 10.9 中给出的这些射频干扰信号来自附近的无线电台，而不是来自系留浮空器雷达系统。

即使是天文台饥饿的研究生也可能造成射频干扰！卫报在线称，"困扰澳大利亚最著名射电望远镜的科学家们 17 年的无线电信号之谜"终于在 2015 年解开了。

信号源来自帕克斯天文台厨房用于加热午餐的微波炉"倒计时结束时开门的瞬间"，这一事件表明无源遥感器对于干扰信号是多么敏感。

另一个例子是位于南美洲智利北部阿塔卡马沙漠的天文干涉仪射电望远镜 ALMA（即阿塔卡马大型毫米波/亚毫米波阵列），如图 10.10 所示。

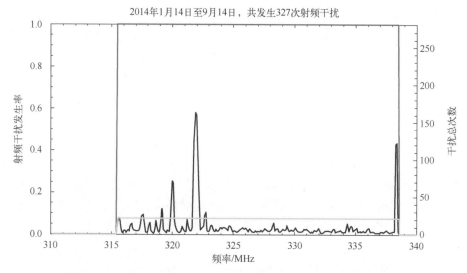

图 10.9 阿雷西博天文台射频干扰发生率与频率关系图（2014 年 1 月至 9 月）（见彩插）

图 10.10 智利阿塔卡马沙漠的天文干涉仪射电望远镜阿塔卡马大型毫米波/亚毫米波阵列

2014 年 6 月，完成 66 根天线阵列最后一个的架设，实际该阵列自 2011 年以来一直在运行，能够测量高达 720GHz 的毫米波和亚毫米波，观测来自遥远星系的类噪声信号。

使用干涉测量而非单天线测量能够减少部分射频干扰。但是越来越多的汽车使用毫米波防撞雷达，目前正在开展兼容性研究，以确保数千辆汽车产生的集总效应不会造成有害干扰。

无源遥感器的另一个例子是美国新墨西哥州圣奥古斯丁的卡尔·吉德·央斯基甚大天线阵（图 10.11）和西弗吉尼亚州的绿湾射电天文望远镜。甚大天线阵呈"Y"形，允许调整每副天线的位置，以观测空间中的特定目标。"Y"形天线阵的每个分支都有九副工作天线，总共 27 个，每副天线直径为 25m。27 副天线作为干涉仪同步工作，工作频段为 1~50GHz。

图 10.11　新墨西哥州圣奥古斯丁市的央斯基甚大天线阵

罗伯特 C. 伯德绿湾射电天文望远镜（GBT）位于西弗吉尼亚州的国家无线电控制区（NRQZ），是世界上最大的全可动射电天文望远镜（图 10.12）。在 2016 年前，作为美国国家射电天文台的一部分，目前独立运行。它的直径为 100m，工作频段为 100MHz~100GHz。

图 10.12　罗伯特 C. 伯德绿湾射电天文望远镜

无线电控制区面积约 13000 平方英里（34000km²），大部分位于弗吉尼亚州和西弗吉尼亚州，控制区内无线电传输受法律限制，以保障科学研究和军事情报传输。在控制区的核心部分，绿湾射电天望远镜周围 20 英里（32km）内，禁止使用微波炉或 Wi-Fi 路由器。移动电话的使用受到严格限制，但允许警察和救护车等无线电应急业务。

10.2 无源与有源的兼容共存

有许多无源和有源传感器彼此相邻运行而不相互干扰的案例，最近的例子是 2015 年 1 月发射的美国国家航空航天局喷气推进实验室（NASA/JPL）的地球观测卫星，称为土壤湿度主动与被动传感器或 SMAP。SMAP 通过测量地球的土壤湿度和冻融状态，更好地了解陆地水、碳和能量循环。它是响应美国国家科学院十年研究规划而研发的。

这颗卫星设计上既有有源传感器，又有无源传感器，二者在遥感任务中协同工作。SMAP 旨在将雷达观测（空间分辨率高达 3km，但土壤湿度灵敏度较低）与辐射计观测（土壤湿度灵敏度更高，但空间分辨率只有 40km）相结合，生成的地图平均分辨率为 10km。我们将在下一章进一步研究 SMAP 任务。

无源遥感需要很大的带宽才能达到可测量的信号电平或较长的积分时间。由于辐射计接收机必须能够测量来自天线的类噪声热辐射 T_A 和其自身接收机热辐射 T_N，从而对接收到的信号积分以减少随机噪声波动，通过天线轨迹观测图像对外部噪声功率进行更准确的估计。每单位带宽的噪声功率以开尔文等效噪声温度表示。探测分辨率 ΔT_e 由总系统噪声不确定的均方根，以及 $T_A + T_N$ 计算得出，如下式所示：

$$\Delta T_e = \frac{\alpha(T_A + T_N)}{\sqrt{B\tau}}$$

式中：B 是接收机中单个探测通道的带宽；τ 是积分时间；α 是接收机系统常数（大于 1），取决于辐射计的类型。

ITU-R RS.515 建议书提供了用于卫星无源观测的典型频带和带宽列表。文件指出，地球环境参数的探测对社会发展愈发重要，无源微波传感器不仅用于地球探测，还用于气象卫星。有两张表格列出了无源遥感的所用频段：一张为 1.37～275GHz，一张为 275～1000GHz，每张表还列出了每个频带内的特定谱线、每个频带可以观测和研究的内容（例如特定气体、云参数、土壤温度、风、雪、漏油等），以及使用的典型天线扫描模式。第三张表格列出了在 1THz 频率下发生共振的主要大气分子。该建议书给出了两张图，分别绘制了 275GHz 以下频率和 1THz 以下较高频率的大气幅值衰减与频率的关系。

10.2.1　ITU-R 关于无源遥感器的建议书

ITU-R 关于无源遥感器的其他相关建议书主要包括：

（1）RA.769 建议书：规定了射电天文测量的保护标准，提出对射电天文业务有害干扰电平阈值的计算方法，对积分时间和天线方向图做了一些假设，讨论了 GSO 和 NGSO 卫星对地球辐射计的干扰。表 1 列出射电天文业务连续观测的干扰电平阈值。表 2 列出射电天文业务谱线观测的干扰水平阈值。表 3 列出 VLBI 干涉仪和阵列观测的干扰电平阈值。该建议书最后一次更新是 2003 年。辐射计因技术进步具有更高灵敏度，也更容易受到射频干扰。

（2）SM.1542 建议书：提出几种干扰缓解技术，以保护无源业务免受来自有源业务的有害干扰。该建议书在 2001 年更新。由于不断研发出更精密的传感器，这些传感器具有更高的分辨率和小信号灵敏度，因而对干扰信号也更加敏感。对此将在第 12 章进一步讨论。

（3）RA.1513 建议书：给出因射电天文业务频段受到干扰导致的观测数据丢失水平和时间百分比标准。该建议书在 2015 年更新，并指出需要进一步研究来解决集总干扰在不同干扰源间的分配问题。

10.3　无源遥感器面临的挑战

总体而言，无源遥感器面临的挑战来自对类噪声信号的高敏感性和集总效应。无源遥感器对来自带内和带外的多个发射机的集总辐射特别敏感，虽然单个地面/卫星/机载发射机通常不会发射足够的功率造成干扰，但大量发射机可能通过其信号累积产生有害干扰。

正如欧洲航天局（ESA）声明："许多无源遥感应用只有在所有主管部门确保在其领土范围受到保护时才能实现全球探测。换言之，卫星遥感，即使与任何国家许可程序无关，也应为保护所有国家的共同利益而得到保护"。

被动遥感最大的威胁是未被检测到的干扰，以及毁损数据被误认为是有效数据，从而导致错误结论。

第 11 章 卫 星 业 务

本章主要介绍不同卫星业务和轨道类型，以及卫星许可证的申请过程，并介绍卫星业务面临的具体挑战。

每年全球卫星产业经济收入超过 1250 亿美元（基于美国卫星产业协会 2017 年数据）。卫星为媒体、银行、市场营销、运输等部门提供必要的电信服务，还为企业和科学研究提供全球接入服务。卫星还是全球气象观测、互联网和云计算不可或缺的一部分，无论地面环境如何，对于自然灾害期间的应急响应以及连接世界偏远地区的人们来说，卫星提供通信和科学服务的能力非常关键。由于上述原因，卫星在实现联合国千年发展目标方面发挥着重要作用。

11.1 卫 星 业 务

与日俱增的卫星被设计并发往太空用于商业和科学用途，然而，因为轨道位置和频谱都是有限的资源，这给卫星产业的发展带来了巨大的频谱资源挑战。

卫星使用需要开展国际协调，特别是对于那些覆盖多个国家的卫星。常见的射频干扰源有手机、对讲机、地面雷达产生的电磁信号，甚至包括反射的 GSO 卫星信号。卫星用频规则面临的最大挑战之一是减少来自全球不同区域不同频段和不同类型传感器之间的射频干扰，这对无源和有源设备共存至关重要。

需要考虑地球静止轨道（GSO）和非地球静止轨道（NGSO）等不同的轨道类型，卫星移动业务（MSS）、固定卫星业务（FSS）和卫星地球探测业务（EESS）等不同类型的卫星业务，以及使用无线电频谱不同类型的授权（图 11.1）。在美国，国家电信和信息管理局（NTIA）或联邦通信委员会（FCC）会考虑这些因素。

11.1.1 卫星轨道类型

卫星轨道示例如图 11.2 所示。高度 H 会影响一些参数，比如所需的功率谱密度，以避免干扰位于太空或地球站的现有用户。

举例说明，低地球轨道（LEO）卫星由于信号传输距离相对较短，其功率要求低于地球静止轨道（GSO）或中地球轨道（MEO）卫星，GSO 卫星通常在 C、Ku 和 Ka 频段使用更大带宽。

图 11.1　卫星按业务、轨道和授权进行分类情况

全球定位系统（GPS）卫星在中地球轨道运行，通常使用 L 频段，该频段可以穿透云、雾、雨和植被，无论白天还是黑夜，卫星可以在绝大多数气象条件下工作。

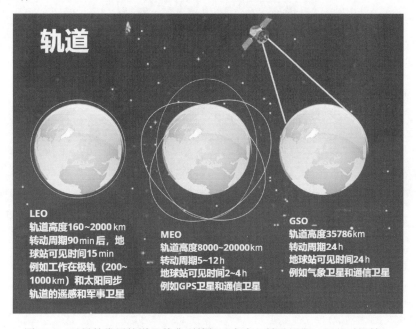

图 11.2　卫星的常用轨道及其典型特征（高度、转动周期、可见时间等）

功率通常用等效功率通量密度（epfd）表示，看成是从单个发射机接收到的总功率，但实际上是从各种发射机接收功率的集合，如下式所示：

$$epfd = 10\lg\left[\sum_{i=1}^{N_a} 10^{\frac{P_i}{10}} \cdot \frac{G_t(\theta_i)}{4\pi d_i^2} \cdot \frac{G_r(\varphi_i)}{G_{r,\max}}\right]$$

式中：G_t 和 G_r 是天线在指向接收机的方向（θ_i, φ_i）上的发射机和接收机的增益；P_i 是第 i 台发射机的入射功率；N_a 是发射机的数量；d_i 是每台发射机到接收机的距离。

图 11.3 给出了两种可能导致射频干扰（RFI）的轨道几何场景。第一种情况，GSO 卫星波束以 0°俯仰角指向 LEO 卫星。第二种情况，GSO 指向其地面台站时也可能影响 LEO 卫星。

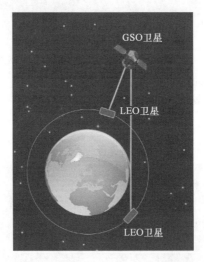

图 11.3 可能导致射频干扰的轨道几何场景

无线电频谱资源不足以为每个业务分配专用的独立频段，此外，许多科学业务需要使用多个频段，因此某段频谱资源通常由两个或多个业务共享。在这种情况下，其中一个业务是主要业务，而其他业务是次要业务，或者它们都作为主要业务来共享频谱。表 11.1 列出了国际电联无线电规则定义的卫星业务。

表 11.1 国际电联无线电规则定义的卫星业务（SS）列表

AMS(OR)S-卫星航空移动（非航线）业务	MMSS-卫星水上移动业务
AMS(R)S-卫星航空移动（航线）业务	MRNSS-卫星水上无线电导航业务
AMSS-卫星航空移动业务	MetSat-卫星气象业务
ARNSS-卫星航空无线电导航业务	MSS-卫星移动业务
ASS-卫星业余业务-	RDSS-卫星无线电测定业务

续表

BSS-卫星广播业务	RLSS-卫星无线电定位业务
EESS-卫星地球探测业务-	RNSS-卫星无线电导航业务
FSS-卫星固定业务	SOS-空间操作业务
ISS-卫星间业务	SRS-空间研究业务
LMSS-卫星陆地移动业务	SFTSS-卫星标准频率和时间信号业务

11.1.2 卫星业务示例

卫星地球探测业务（EESS）使用有源和无源遥感器，以及用于馈线链路的频谱资源，对大气和地球表面（陆地、冰盖、湖泊和海洋）进行遥感。EESS主要使用 NGSO 极轨卫星，为科学研究、政府机构和商业公司提供大量业务应用。EESS 应用的一个案例是监测厄尔尼诺现象，该现象与全球各地的干旱、火灾、飓风和洪水等极端天气有关（图 11.4）。

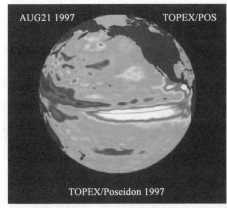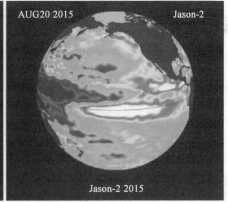

图 11.4　1997 年和 2015 年厄尔尼诺现象的监测图像（见彩插）

图中白色区域表明海洋变暖高于正常温度而膨胀。紫色区域代表低于正常温度，表明由于海水收缩导致海洋表面形貌变化。

卫星无线电导航业务（RNSS）用于全球导航卫星系统（GNSS）业务，提供 GPS 所需的精确位置和时间数据。卫星气象业务（MetSat）用于天气预报和飓风跟踪，如图 11.5 所示的红外图像，是 2018 年 9 月 20 日 NOAA GOES 卫星在波多黎各上空拍摄到的玛丽亚飓风。

射电天文业务（RAS） 主要通过地面无源探测来接收来自宇宙的无线电波，同时也利用卫星来研究太空中遥远的天体。比如日本的"HALCA"（MUSES-B）卫星，它是 HALCA-VLBI（甚长基线干涉测量）空间天文台（图 11.6）项目

（VSOP）的核心部分（Altunin et al, 2000），空间天文台的等效天线口径比整个地球都大，它的传感器与许多国际合作伙伴协同工作，一直运行至 2005 年。

图 11.5　玛丽亚飓风的 NOAA GOES 卫星微波成像（源自：NOAA）

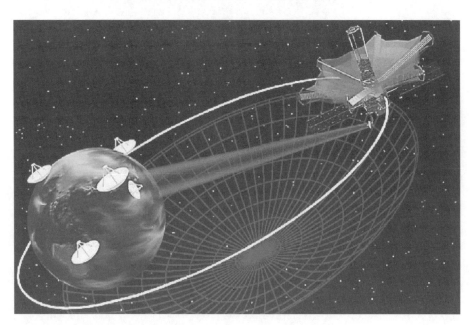

图 11.6　HALCA-VLBI（甚长基线干涉测量）空间天文台

空间操作业务（SOS） 仅涉及与航天器操作有关的无线电通信，例如空间跟踪、遥测、遥控和发射控制。

空间研究业务（SRS） 包括近地和深空卫星，以及用于射电天文和其他科

第 11 章 卫星业务

学卫星的遥测及数据下行链路。

卫星固定业务（FSS） 是为无线电广播、电视网络、国际移动通信（IMT）、飞机或地面接入的宽带互联网、物联网和许多其他应用提供通信的卫星，包括卫星星间链路，通常将 C、Ku 或 Ka 频段用于商业应用，将 X 频段用于军事应用，使用高精度定向天线提供点对点通信链路。

卫星广播业务（BSS），空间电台发射的信号旨在让公众直接接收，例如：卫星电视。

卫星移动业务（MSS），是移动地面站与一个或多个空间电台之间的一种无线电通信业务，或在空间电台之间的无线电通信业务；以及利用一个或多个空间电台在移动地球站之间的无线电通信业务。一个常见应用是卫星电话，使用频率较低的 L 和 S 频段，通常使用非定向地球站天线通信。非定向天线使得在轨卫星星座之间共享相邻频段变得困难。

11.2 卫星业务许可申请和频率指配

美国国家电信和信息管理局（NTIA）为所有联邦卫星指配频率。对于所有其他卫星，联邦通信委员会（FCC）负责发放许可证。大多数国家以先到先得（FCFS）的方式对申请做出回应。国际电联声明，许可证不应是永久性的。

联邦通信委员会（FCC）国际局根据美国联邦法规汇编（CFR）第 25 篇处理美国和外国私营企业的卫星业务许可事宜。许可申请人需提交超过 100 万美元的保证金，具体金额取决于卫星是 GSO 还是 NGSO 等因素。此外，持有许可证期间还要缴纳年费。联邦通信委员会（FCC）试图减少监管限制，以最大限度地促进商业竞争。同时，FCC 期望容纳尽可能多的卫星，同时确保电磁兼容以避免射频干扰。

图 11.7 是美国联邦法规第 47 篇第 25 节的案例，提供了特定频段的卫星发射在地球表面的功率通量密度（pfd）限值。需要注意的是，它是相对于地平线的角度的函数，假设在自由空间传播，则不存在降雨或其他类型因素的大气衰减。

频率指配或许可过程中其他考虑因素包括：
（1）频率可用性。
（2）碰撞规避计划。
（3）功率电平。
（4）轨道碎片缓解计划。
（5）遵守世界贸易组织（WTO）协议下的技术规则和法律规定。

联邦通信委员会（FCC）或国家电信和信息管理局（NTIA）协助向国际电联（ITU）提交申请。

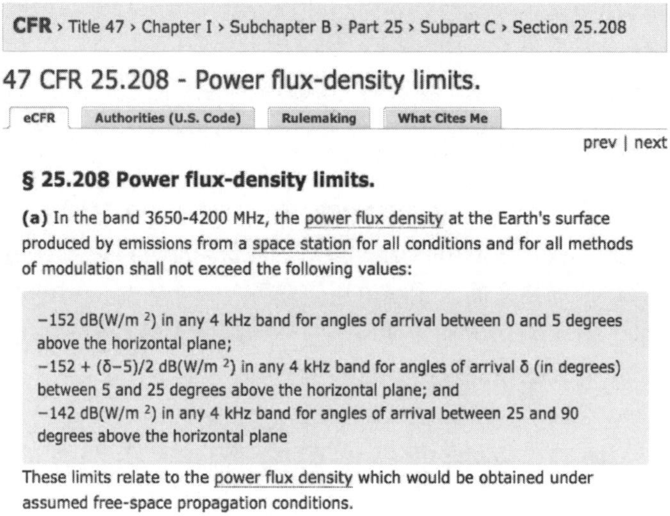

> CFR › Title 47 › Chapter I › Subchapter B › Part 25 › Subpart C › Section 25.208
>
> **47 CFR 25.208 - Power flux-density limits.**
>
> eCFR | Authorities (U.S. Code) | Rulemaking | What Cites Me
>
> prev | next
>
> **§ 25.208 Power flux-density limits.**
>
> (a) In the band 3650-4200 MHz, the power flux density at the Earth's surface produced by emissions from a space station for all conditions and for all methods of modulation shall not exceed the following values:
>
> −152 dB(W/m^2) in any 4 kHz band for angles of arrival between 0 and 5 degrees above the horizontal plane;
> −152 + (δ−5)/2 dB(W/m^2) in any 4 kHz band for angles of arrival δ (in degrees) between 5 and 25 degrees above the horizontal plane; and
> −142 dB(W/m^2) in any 4 kHz band for angles of arrival between 25 and 90 degrees above the horizontal plane.
>
> These limits relate to the power flux density which would be obtained under assumed free-space propagation conditions.

图 11.7　美国联邦法规第 47 篇第 25 节

11.3　小　卫　星

近几十年来，纳卫星和皮卫星（如 CubeSat）等小卫星的发射显著增加，这些卫星在大学和中学尤其受到欢迎。许多小卫星携带各种有效载荷，如高分辨率合成孔径雷达，被美国国家航空航天局、美国国防部和其他政府机构以及硅谷企业和投资者用于研究星系和行星、获取战场信息等各种应用。这些应用通常是短期任务，因此带来了需缩短许可证申请周期的挑战。

小卫星尺寸以 10cm 边长的立方盒为单元或它们的组合为单元，因此确保其不会对其他卫星造成碰撞也很重要。尽管小于 10cm 的单元也可以，CubeSats 通常设计成包含两到四个 10cm 单元大小。

11.3.1　与纳卫星相关的国际电联文件

以下是与纳卫星和皮卫星相关的一些决议和报告：

（1）**Rep. SA.2312** 提供了小卫星的特性、定义和频谱需求。

（2）**Rep. ITU-R SA.2348** 介绍了通知卫星网络的现行做法和程序。

（3）**RES ITU-R 68** 介绍了监管程序。

（4）**RES-659**（WRC-15）是关于满足空间操作业务短期任务的频谱需求。

11.4 卫星地球探测业务的射频干扰

由于卫星地球探测业务天线指向地球，因此特别容易受到地面干扰影响。用于平均噪声的积分时间受到卫星快速过顶的限制，高增益天线和前端滤波是最小化射频干扰的典型解决方案，但卫星的尺寸、重量和功率等限制使此类解决方案难以实行。

《无线电规则（RR）》以及主管部门之间的合作对防止因射频干扰造成数据丢失极为重要。鉴于卫星地球探测被广泛应用于造福人类的各种业务应用，这一点对于保护卫星地球探测免受干扰尤为重要。

图11.8中射频干扰指数是根据C频段（6.9GHz）和X频段（10.7GHz）的亮温之差计算得出。红色和黑色区域表示不可用的数据。

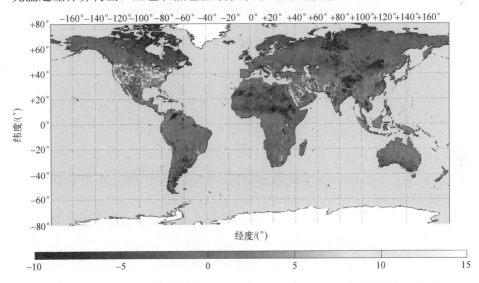

图11.8 AMSR-E 上的 C 频段辐射计（EESS 无源传感器）测量的土壤湿度（见彩插）

NASA/JAXA 地球观测系统（EOS）Aqua 卫星的先进微波扫描辐射计（AMSR-E）是卫星无源地球探测业务 C 频段受扰的一个典型案例，如图 11.8 所示。AMSR-E 通过测量水平极化和垂直极化亮温，在多个频率上进行土壤湿度反演。图中的黑点表示由于高电平射频干扰使辐射计饱和而丢失的数据，红点表示受干扰的测量值，由于射频干扰，该频段最终无法使用。

如前所述，飞越具有不同无线电法规的国家对星载无源遥感器任务是一个挑战。一些陆地区域的射频干扰具有很大的不确定性。图 11.9 中的地图显示了在无源探测时 L 频段的射频干扰，它会影响欧洲、亚洲以及美洲和非洲某些地区的土壤湿度反演。

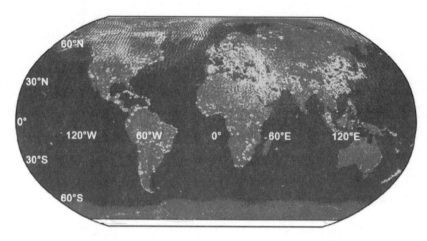

图 11.9　NASA Aquarius 卫星测量的全球海洋盐度和土壤湿度（见彩插）

图中显示的是 2013 年 6 月利用 L 频段辐射计（EESS 无源传感器）观测到的射频干扰，红色色标表示受干扰破坏的数据，在世界上的许多地区都存在这种情况。射频干扰还随时间变化而变化。

该传感器使用的频率为 1.41GHz，是为保护射电天文业务的主要业务频率划分。然而，有时联邦法规与国际电联无线电规则不一致，这通常会引起干扰。在这种情况下，图中标记射频干扰样本百分比的红色区域表示因地面干扰导致将近 100%的数据丢失。

射频干扰不仅仅是无源遥感器面临的问题，即使有源遥感器也容易受到射频干扰的影响，因为它们的接收机旨在测量类噪声信号，因而极为敏感。图 11.10 来自美国航空航天局用于测量全球土壤湿度的 Aquarius 卫星上的散射仪（EESS 有源传感器）图像，清楚地证明有源卫星地球探测业务难免于有害射频干扰的影响。

如前所述，SMAP 任务于 2015 年 1 月启动，搭载有源和无源遥感器，在海洋和陆地区域进行测量，这些区域存在大量潜在干扰。Aquarius 任务仅在海洋上空进行测量，通常干扰较少。

射频干扰正在随着时间的推移逐步加剧，预计这种趋势将持续下去。SMAP 上的两个传感器都工作在 L 频段，辐射计工作在 1.4GHz，因为该频率对土壤湿度和海洋盐度非常敏感。欧洲航天局的土壤湿度和海洋盐度任务以及美国航空航天局 Aquarius 和 Skylab 任务都使用了相同的频率。SMAP 雷达设计得也可在 L 频段工作，频率为 1.26GHz。

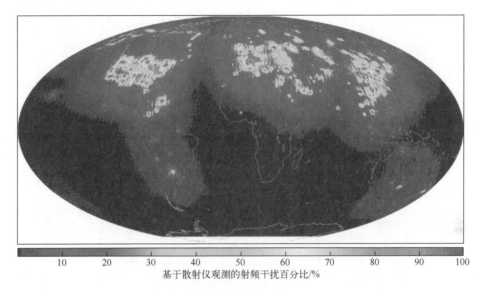

图 11.10　NASA Aquarius 卫星在 2014 年全年使用散射仪观测的射频干扰的平均百分比

遗憾的是雷达仅在几个月后就无法工作了。轨道附近的 ESA Sentinel-1 卫星数据用于弥补了这一故障空缺。无线电法规有助于推进世界各地区间的射频频谱共享。

11.4.1　ITU-R 关于无源微波遥感的建议书

在此列出了一些关于卫星遥感的 ITU-R 建议书。

（1）**ITU-R RS.515 建议书**：用于卫星无源遥感的频段和带宽。

（2）**ITU-R RS.2017 建议书**：卫星无源遥感的性能和干扰标准。

（3）**ITU-R RS.1813 建议书**：卫星地球探测业务（无源）无源遥感器的参考天线方向图，用于 1.4～100GHz 频率范围内的兼容性分析。

（4）**ITU-R RS.1861 建议书**：使用 1.4～275GHz 频率的卫星地球探测业务（无源）系统的典型技术和操作特性。

此外，ITU RS 577 建议书给出了五种基本类型的星载有源遥感器的频段和带宽，如图 11.11 所示。

无线电规则第5章划分的频段	应用带宽				
	散射仪	高度计	成像仪	测雨雷达	测云雷达
432~438MHz			6MHz		
1215~1300MHz	5~500kHz		20~85MHz		
3100~3300MHz		200MHz	20~200MHz		
5250~5570MHz	5~500kHz	320MHz	20~320MHz		
8550~8650MHz	5~500kHz	100MHz	20~100MHz		
9300~9900MHz[1]	5~500kHz	300MHz	20~600MHz		
13.25~13.75GHz	5~500kHz	500MHz		0.6~14MHz	
17.2~17.3GHz	5~500kHz			0.6~14MHz	
24.05~24.25GHz				0.6~14MHz	
35.5~36GHz	5~500kHz	500MHz		0.6~14MHz	
78~79GHz					0.3~10MHz
94~94.1GHz					0.3~10MHz
133.5~134GHz					0.3~10MHz
237.9~238GHz					0.3~10MHz

图 11.11　ITU RS 577 建议书列出的几类有源卫星遥感的频率和带宽

11.4.2　ITU-R 关于通信卫星的建议书

在此列出了一些关于卫星固定业务的 ITU-R 建议书。

（1）**ITU-R S.1328 建议书**：在 GSO 和 NGSO 间的卫星固定业务，包括馈电链路，在频率共享研究时需考虑的卫星系统特性。

（2）**ITU-R S.465 建议书**：卫星固定业务地球站天线的参考辐射方向图，用于 2~31GHz 频率范围内的频率协调和干扰评估。

（3）**ITU-R S.672 建议书**：利用 GSO 卫星开展卫星固定业务时，用于指标设计的卫星天线辐射方向图。

11.5　卫星业务频谱的未来展望

当前正处在卫星领域技术和工业发展的繁荣期，关键频段的用户数量正在迅猛增长，最大限度地减少射频干扰对保证众多用户（政府、商业和民用）的卫星数据可用性至关重要。国内无线电法规与国际电联无线电规则的差异性是造成射频干扰的重要原因之一。卫星业务本质上是国际性的，因此必须能够在全球范围内运行。综合上述，卫星在使用无线电频谱面临的挑战包括：

第 11 章 卫 星 业 务

（1）卫星频谱和轨道资源需求增加。

（2）加强国际合作的必要性。

因部分国家国内无线电法规与国际电联无线电规则不同，引起射频干扰风险增加。

（3）通过宣传提高大家对于无源遥感器易受射频干扰影响的意识，特别是来自多个干扰源的集总效应。

（4）卫星地球探测业务遥感器的脆弱性，因为它们俯视地球，潜在的射频干扰源增加。

（5）射频干扰影响卫星载有源传感器。

（6）需要更新小卫星许可认证程序。

本章介绍了卫星业务面临的一些特殊挑战以及不同类型的卫星业务、轨道和许可要求。在不影响现有业务的情况下造福社会，是实施新业务和技术进步时无线电法规需要考虑的一个重要方面。

第 12 章 频谱共享与干扰

本章介绍频谱共享的概念,并对射频干扰(RFI)进行深入探讨,包括射频干扰检测、干扰抑制和缓解中使用到的一些技术。此外有关频谱管理人员的一些日常工作也在本章中进行介绍。

12.1 频 谱 共 享

为提高无线电频谱利用效率,并在尽可能降低干扰的同时为更多用户提供频谱接入,无线电频谱共享非常必要。然而随着用频设备的增多,频谱共享愈发重要的同时也越来越具有挑战性。频谱共享的方法大多针对发射设备,也有一些方法适用于无源接收业务,而这些业务更容易受到无线电干扰。

长期以来,频谱主要从三个维度进行共享:

(1)空间维度,如设置地理或无线电静默区(RQZ)。

(2)时间维度,通过为用户安排不同的接入时间实现共享。

(3)频率维度,通过频率划分、信道分配、频率保护带以及其他无线电规则等方法共享。

1)改善频谱使用

对通信等类型的应用,通常切换工作信道就可解决射频干扰;然而对于其他依赖特定频率的应用,如科学观测等,该方法则行不通。

图 12.1 从三个维度给出了进行频谱共享的方案,其中每个色块代表一种业务。当一个色块(业务)在某时某地使用某段频谱时,别的色块表明其他业务也正在同时使用相同频率,但地点不同。两个业务也可同地/同频但不同时使用。该三维图中还可加入更多彼此不重叠的用户(色块)。这是一种理想的频谱共享方案,通过为所有色块选取合适的功率值和谐波,可避免相邻色块间的干扰。

然而,随着依赖频谱划分可用性的应用逐渐增多,上述三维共用方案已难以应对。为更加有效地利用频谱,需要找到创新性方法,以便能在无干扰的情况下使用相同的频率、空间和时间。

第 12 章　频谱共享与干扰

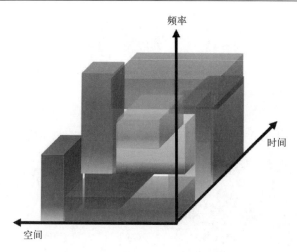

图 12.1　频谱共享的三个维度（空间、时间、频率）

蜂窝电话系统是频谱共享的一个典型示例。起初，该系统在相同地域使用不同频率，称为频分多址（FDMA）技术，即为每个呼叫分配一个特定频道。随着用户逐渐增多，在频分多址的基础上增加了时间维度，出现了时频分多址（TFDMA）技术。TFDMA 为每个呼叫在某个频率上分配一个特定时间段，从而允许更多用户共享相同带宽。后来码分多址（CDMA）技术的出现，使用户数在不增加频带的情况下得以进一步增加。CDMA 为每个呼叫赋予一个单独编码，以便可以使用相同的空间、时间和频率。再后来，宽带码分多址（WCDMA）以及许多其他方案的陆续出现，进一步增加了频谱的使用效率。这些频谱共享技术对有源传感器通常十分有效。

另一项增强频谱共享的技术是跳频。该技术使得发射频率按照某个给定模式在发射机和接收机间同步变化。跳频通信技术已应用于蓝牙、GPS、军事系统、蜂窝电话和无线通信中。

DARPA 将跳频与人工智能（AI）相结合，以提高 2.4GHz 频段 Wi-Fi 的频谱使用效率（Tilghman，2019）。

跳频概念由女演员兼发明家海蒂·拉玛（Hedy Lamarr）在第二次世界大战期间发明（图 12.2），后来由她和她的朋友钢琴家/作曲家乔治·安特尔进一步发展。在他们的设计中，频率在 88 个频道之间切换，类似于钢琴中的 88 个键，目的是避免雷达和鱼雷通信系统受到信号干扰。

2）动态频谱共享

另一个为共享电视频谱"白空间"而开发的例子是谷歌频谱数据库，该数据库直到最近才在网上免费开放。通过其图形用户界面（GUI），人们可生成一个可视化地图并将其缩放到任意区域来查看某个时间有多少电视频道可用。该 GUI 通过对每个频道实时传输的监测获取相关数据。然而,由于其利用频谱测量自然界辐射的无源传感器不发射信号,因此无法被监测系统发现。

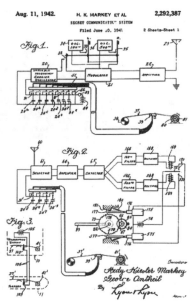

图 12.2　跳频概念的发明者海蒂·拉玛及发明示意图

3) 认知无线电

为提高频带使用效率,出现了认知无线电 (Cognitive Radio,CR) 技术。认知无线电可实时监测频谱活动,并可改变其收发参数以便在其发现的未使用频段上工作。

然而,认知无线电同样基于在某频段上未检测到信号就认为该频段未被使用的假设。因此它也不会考虑一直处于接收模式而无法被其频谱感知元件检测到的无源业务。

4) 第 37 电视频道

一个与射电天文业务 (RAS) 共享频谱的例子发生在 37 频道。在美国,该频道使用 608~614MHz 频段。这个频段对射电天文研究特别重要,因为它能够对 410MHz 和 1.4GHz 频率划分之间的频谱区域进行观测,并用于甚长基线干涉测量 (VLBI)。美国的 UHF 电视 37 频道由射电天文和无线医疗远程监测业务 (WMTS) 以相同主要业务地位共享。这就是在加拿大和美国,37 频道从未被任何电视台使用的原因 (图 12.3)。

第 12 章 频谱共享与干扰

图 12.3　第 37 频道附近频带和 600MHz 附近其他频带频谱

无线医疗远程监测业务（WMTS）是美国 2000 年专门定义的一项业务，用于通过射频信号（生物遥测）监测患者的生命体征，如脉搏等。提供这项业务的设备允许患者在不限制其卧床的情况下四处走动，同时对其健康状况进行监测。《联邦法规汇编》第 47 卷第 95 部分 H 子部分给出了联邦通信委员会对 WMTS 的服务规则。这种设备可以与射电天文业务频谱共用，因为从患者身上的传感器到显示器间的距离非常短，所需传输生物特征信息的功率很低。

为射电天文业务预留的频率范围实际上是 600~620MHz，其中包括最大 EIRP 为 4W（36 dBm）的保护带，以避免来自相邻信道的带外发射干扰（FCC，ET 卷宗号 14-165，GN 卷宗号 12-268）。

然而自 2019 年 3 月起，FCC 开始允许在未使用的信道（包括第 37 频道、广播和无线频谱之间的保护频带以及 600MHz 频带中的上、下行链路频谱之间）中使用固定和移动的白空间设备（尤其是计算机）。这体现出通过不断的频谱动态调整以适应更多业务（FCC, 2019, 2014; Egerton, 2019）。

12.1.1　射频干扰

根据国际电联定义，射频干扰发生的时机是：诸如发射、辐射、感应或其组合所产生的无用电磁能量，被无线电通信设备接收并造成任何类型的性能下降、误码或数据丢失等。

射频干扰的常见情况与手机、超出其指定范围发射的无线电台、地面雷达产生的电磁信号等有关，甚至与 GSO 卫星信号反射产生的信号有关（Draper 和 de Matthaeis，2019）。

其他常见的射频干扰源还包括婴儿监视器、车库开门器、无线传声器、显示器镜像设备、无人机、遥控玩具车等。

图 12.4 是一些常见设备在 2.4GHz 和 5GHz 频带内电磁信号的频谱示例（更多示例请参见 https://support.metageek.com/hc/en-us/articles/200628894-WiFi-and-non-WiFi-Interference-Examples）。

提前了解违规信号的频谱形状，有助于将来对不同用途信号进行区分，并可能用于多种有源业务的短时共享。

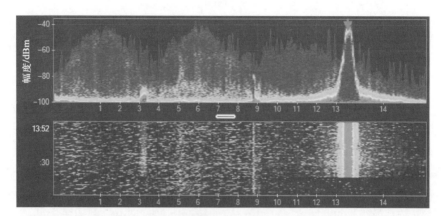
无绳电话 (2.4GHz)

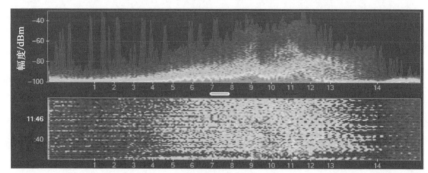
微波炉 (2.4GHz)

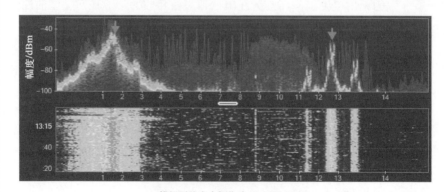
模拟无线安全摄像头 (2.4GHz)

第 12 章 频谱共享与干扰

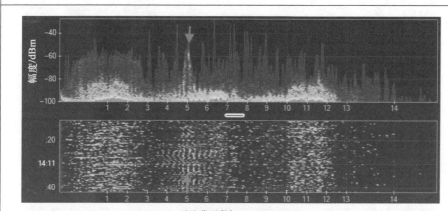

无线蓝牙鼠标(2.4GHz)

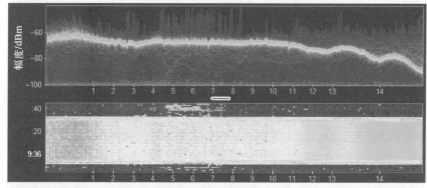

干扰器(在美国属于非法)(2.4GHz)

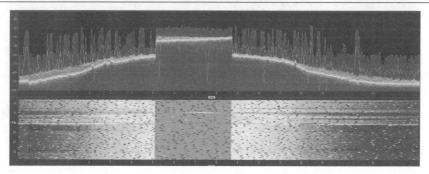

无人机控制器(2.4GHz)

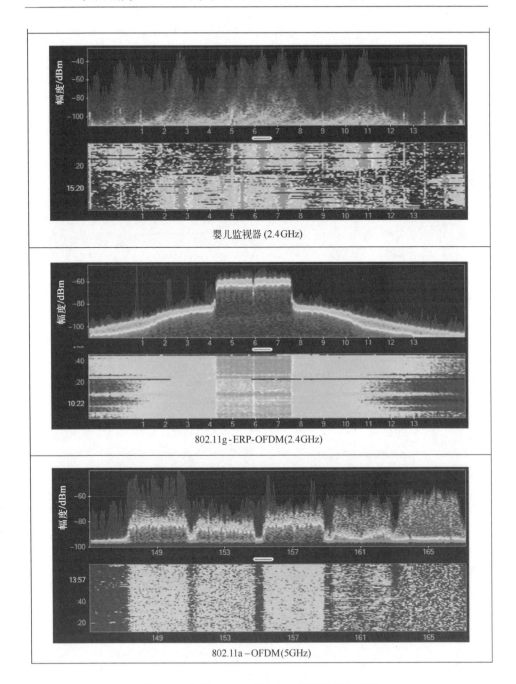

图 12.4　使用 2.4GHz 和 5GHz 频段的设备示例

第 12 章 频谱共享与干扰

业余无线电操作者和射频工程师都很清楚大规模生产的一次性劣质电源所产生的干扰以及可能造成的损害，因为一些业余无线电在 U-NII 设备（定义见第 2.2 节）使用的频率内工作[①]。

正如"网络计算""PBS 新闻小时"等媒体提到的（图 12.5），一些射频干扰来自意想不到的地方，比如遥控玩具和 LED 灯泡，包括圣诞装饰灯等。

图 12.5 常见的各种小装置不断增加的射频干扰问题

LED 二极管本身并不是罪魁祸首，但为 LED 进行交-直流电源转换的电子电路工作在高频频段，这些电路在未被正确滤波的情况下可能会造成射频干扰。相关规定在 CFR 第 15 部分和第 18 部分中。

许多知名品牌的电子设备完全符合电磁兼容性（EMC）要求，不会产生干扰相邻设备的信号。然而，其他一些厂商为了增加利润，使用廉价的滤波器组件或低质量的控制工艺，从而产生很多带外辐射或杂散，导致射频干扰发生。

图 12.6 这起发生在波多黎各圣胡安机场天气雷达的射频干扰事件就是如此，结果证明干扰来自一个有缺陷的 Wi-Fi 局域网接入点。

通过一些智能手机应用程序（App），如 Wi-Fi Analyzer 等，可以检测和显示附近的 Wi-Fi 发射器，这些发射器可以代表工作在 2.4GHz 和 5GHz 频段的 U-NII 设备的干扰源。见图 12.7。

---

① 5 GHz 频带位于国际上以次要地位分配给业余无线电和业余卫星使用的 SHF（微波）无线电频谱内。根据 IEEE 命名法，该频带属于 C 频段。

图 12.6　波多黎各圣胡安机场天气雷达受扰案例

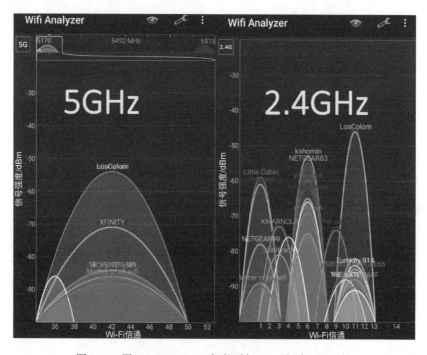

图 12.7　用 Wi-Fi Analyzer 智能手机 App 查看可用网络

另一个有趣的例子是风力涡轮机对天气雷达产生的射频干扰。这是由于涡轮叶片的移动，导致涡轮机反射雷达接收机的信号频率发生多普勒频移，其特征与雷达图上的降雨信号相同。幸运的是，目前已有技术可以检测和去除这类干扰（如 Vogt 等，2008；Ruzanski 和 Chandrasekar，2018）。

鹰眼 360（Hawkeye360）等公司利用低地球轨道（LEO）卫星星座收集全球射频干扰信息。

12.2　干扰缓解与消除

干扰缓解与干扰消除是两个不同的概念，认识到这点非常重要，因为它们经常被相互误用。所谓干扰缓解是指从观测信号中去掉所有射频干扰，进而得到无干扰的测量信号。然而有时，阻塞方法会被当成干扰缓解技术，实际上这种方法会导致数据丢失，因而属于干扰消除技术。

干扰消除是指将受到干扰影响而变得不可用的数据直接丢弃。干扰消除可通过频率消隐、时间消隐和空间消隐等多种方法实现。但如果是利用干扰信号估计技术，将干扰信号从接收信号中去除，则可使有效测量变得可能，该方法属于干扰缓解技术。

干扰缓解技术可分为三类：干扰预防、干扰实时消除、干扰后期处理。

干扰预防从内部开始：

计算机硬件和电子设备会产生谐波信号和宽带辐射，并进入系统的接收部分。识别和消除这些干扰源产生的干扰是传感器首先要做的事，以使所有电子设备可在无干扰的情况下共存。

智能手机是一个常见的射频共存设计的例子。典型的智能手机可能有六个或更多天线：包括一个 L 频段的 GPS 接收器、一个用于发送和接收呼叫的三频段天线，以及另一个 S 频段的 Wi-Fi 发射和接收天线。许多手机还有蓝牙发射器和接收器，有些还带有红外发射器。这些设备内的电子器件产生的噪声会降低其性能。因此为做出一个使所有频率都能共存而不相互干扰的设计，需要考虑多种因素。

12.3　干扰缓解技术

为使设备可无干扰地收发射频信号，设计时需要考虑谐波因素。这里列出了一些干扰缓解技术。

（1）预检测。

（2）阵列波束成形。

（3）多天线系统。

（4）数字剔除射频干扰。

（5）波形相减。

有关无源传感器射频干扰统计分析和检测与缓解技术的全面总结可参见 2012 年 Tarongi Bauza 的相关文献。

1）预检测

预检测就是在接收机前端增加一个带通或高/低通滤波器，以消除可能的射频干扰信号。该方法需事先对可能的射频干扰信号有所了解，或能对其进行准确估计。但增加滤波器会引入额外的插入损耗，也会增加无源传感器的系统温度。

2）阵列波束成形

阵列波束成形用于空间调零或自适应空间滤波。它通过阵列波束成形技术将天线方向图的零点位置对准干扰源方向，以缓解持续存在的射频干扰。该方法通常会使天线方向图变形，但若干扰信号刚好从天线副瓣最小值方向（零点）进入，则该方法具有可成功消除干扰而不损失有用信号数据的优势（图12.8）。通过设计天线阵列方向图的零点指向特定干扰源方向，以实现空间调零。

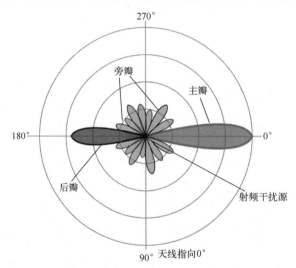

图 12.8　阵列波束成形缓解技术

该方法的挑战主要是难以准确估计干扰的空间特性，从而限制可实现的零点深度。NASA 曾在几次机载地球观测任务中使用了数字波束成形（DBF）技术。

图 12.9 给出了 NASA 位于机载平台上的 EcoSAR 设备。EcoSAR 是 NASA/戈达德公司开发的一种双极化、干涉式 P 波段（435MHz）合成孔径雷达（SAR）传感器，用于提供陆地生态系统的高分辨率图像（Rincón 等，2015）。

第 12 章 频谱共享与干扰

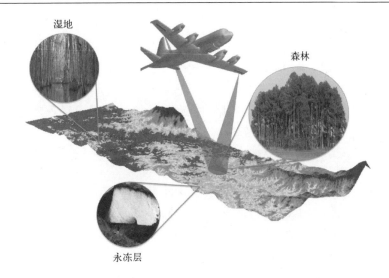

图 12.9 NASA 的 EcoSAR 双极化干涉式 SAR 传感器

3）多天线系统

在多天线系统中，如美国加利福尼亚州的 CARMA 阵列，干扰缓解通常利用了"非同时"概念。就是当使用两个或多个天线来观察同一目标时，如果它们间隔非常远，则会接收到相同的天文信号和不同的干扰信号。这样，射频干扰只会影响每个天线的背景噪声，而不会影响相关信号接收（图 12.10）。该方法用于去除干扰信号时，只会略微降低主波束的灵敏度。

图 12.10 美国加利福尼亚州的 CARMA 射电望远镜的多个天线

4）时间消隐

时间消隐是干扰消除的方式之一。例如，当存在地面航空雷达干扰时，通过时间消隐实时停止射电望远镜的数据采集。有时数百千米外的多径信号也可通过射电望远镜的旁瓣检测到。消隐并不是真正的干扰缓解技术，因为它意味着一些受到干扰损害的天文观测结果将被删除（或消隐），从而导致数据丢失。

SMAP 辐射计提供了一个很好的例子来说明与射频干扰相关的问题（Mohamed 等，2015）。共有九种算法用于检测和过滤测量中的受损数据，包括：全频带脉冲检测、全频带峰度、不同时间分辨率间隔的交叉频率和子频带峰度。

基于脉冲、峰度或交叉频率等方法，难于检测宽带连续射频干扰。这种干扰功率不大，特征不明显，很难被识别为干扰，但会导致对数据的错误判读。此类干扰可能占据整个 SMAP 辐射计接收机带宽，使得地表亮温数据无法恢复。导致应急管理人员、农业和其他社会利益相关者所需的土壤水分和盐度信息完全丢失。

图 12.11 中的地图显示了 NASA SMAP 辐射计上水平通道 9 天的射频干扰峰值保持情况。红色区域表示干扰水平较高。可以看到欧洲和亚洲高干扰水平的区域范围很大。

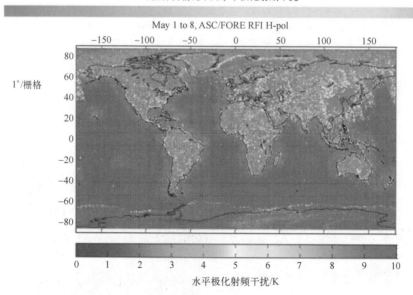

图 12.11　NASA SMAP 辐射计上 9 天的峰值保持射频干扰情况（见彩插）

5）波形相减

波形相减基于射频干扰源已知或可以估计，从而能够从数据中去除其统计特性。在欧洲航天局（ESA）土壤水分和海洋盐度（SMOS）任务中（Camps等，2011），将数据融合技术用于光学/红外传感器的高分辨率测量，以推断出海况干扰校正数据，用于提高海洋盐度和其他陆地表面参数等地理参数的获取能力。相关检测和干扰缓解算法针对双极化和全极化模式开发（图12.12）。

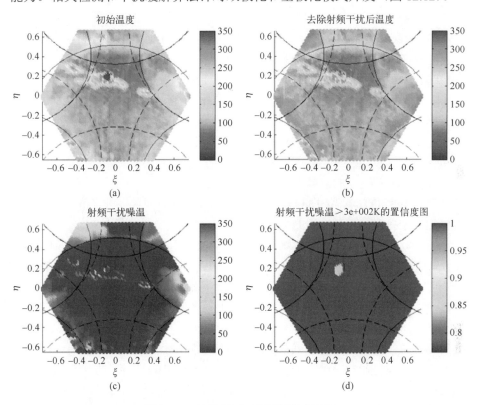

图 12.12　波形相减干扰缓解技术示例

时域自适应滤波的基本原理是先用快速傅里叶变换（FFT）将接收数据转换到时域，然后对频域采样间隔进行自适应处理，再通过反傅里叶变换（IFFT）转换回频域。

从去除干扰又不影响天文观测的意义上而言，这种自适应噪声消除方法可能优于时域剔除方法。它提供了一种"看透"能力，从而避免简单"剔除"方法中的人为因素。此外，使用数据统计特性的方法也可以获得类似的结果。

然而，与时域剔除相比，这种干扰消除方法受限于射电望远镜接收干扰信号的估计质量。

12.3.1 ITU-R 关于射频干扰的建议书

ITU-R 的一些建议书，给出了为避免或最小化对射电天文或卫星地球探测传感器产生干扰的专门标准。下面列出一些与此相关的 ITU-R 建议书：

（1）**Rec. ITU-R RA.769** 给出保护射电天文观测所需的干扰准则。

（2）**Rec. ITU-R RS.2017** 给出卫星无源遥感器的性能和干扰准则。

（3）**Rec. ITU-R.2094** 给出 X 波段某些频率范围内，EESS（有源）业务与无线电测定业务和固定业务间的兼容性研究。

（4）**Rec. ITU-R RS.2165** 用于 EESS（无源）无源传感器，识别射频干扰导致的性能下降与可能的干扰缓解技术的特征描述。

（5）**Rec. ITU-R RS.2310** 给出 35.5～36GHz 频段无线电定位业务系统与 EESS 有源传感器接收机间主瓣对主瓣天线耦合的最坏干扰水平。

（6）**Rec ITU-R S.1586** 使用 epfd 方法计算射电天文业务与卫星固定业务非静止轨道卫星系统间的射频干扰。

（7）**Rec. ITU-R M.1583** 给出射电天文业务与卫星移动业务和卫星无线电导航业务非静止轨道卫星间的干扰计算。

（8）**Rec. ITU-R RA.1513** 给出射电天文业务主要划分频段中由于射频干扰导致射电天文观测数据损失的水平。

ITU-R RS.2017 建议书提供使用微波无源传感器研究地球及其大气的卫星所需性能和干扰准则信息。对射电天文业务来说，最关键的建议书是 ITU-R RA.769，该建议书给出等效功率通量密度（epfd）值，该值代表从主波束中心进入天线的信号功率通量密度（pfd），可等效为干扰功率电平。由于建议书给定的有害干扰门限电平对应于全向天线（增益为 0dBi）接收到的门限电平，当将其与发射功率电平值进行比较时，为确定干扰是否超过有害信号电平，需先将实际主瓣天线增益添加到 epfd 中。

ITU-R RA.1513 建议书用几个表给出了保护准则的适用性。近年制定的 S.1586 建议书通过采用 epfd 方法，可计算射电天文业务与卫星固定业务非静止轨道卫星系统间的射频干扰。

12.4 频谱管理工具

NTIA 运行一个名为 SPECTRUM XXI 的数据库访问平台（图 12.13），缩写为 SXXI，其中有分配给联邦业务的所有频率。进入该平台需要有访问许可。

在众多频谱管理功能中,该平台主要用来设置新的频率指配。此外,它还用于对 STA(特殊临时授权,将在下一节中解释)进行投票。

图 12.13　NTIA 频谱管理软件 SPECTRUM XXI 界面(源自:NTIA)

EL-CID 是 NTIA 开发的设备位置认证信息数据库(图 12.14),是用于支持电子化处理频谱许可申请的自动化工具。EL-CID 的主要目的是为美国联邦电信系统及其支持设备和位置数据创建和维护频谱许可申请。

图 12.14　NTIA 开发的设备位置认证信息数据库 EL-CID 界面(源自:NTIA)

与为了安全起见需要考虑"折中"因素的典型工程设计程序相反,在这种类型的链路中,当使用 EL-CID 时,设计指标只需符合最低要求即可,以便最大限度利用频谱。

还有一些其他与频谱管理相关的免费软件。其中一个是"无线移动在线"（图12.15），这是一个辅助无线系统设计和仿真的免费工具。它综合考虑海拔和陆地类型等地形信息、大气衰减数学模型，以及许多其他重要因素，来计算链路预算和可能的射频干扰。

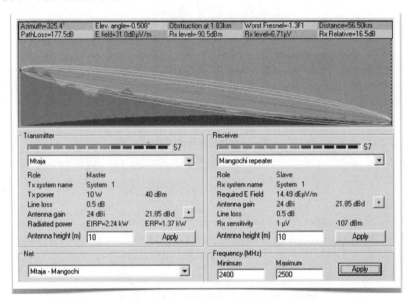

图12.15　无线移动在线软件界面

"无线移动在线"主要由业余无线电爱好者使用。它用于模拟两个固定站点之间或固定站点与移动站点之间的无线电传输链路。

12.5　频谱管理人员的任务

频谱管理人员的主要任务是：采用高效的方法支持无线电频率的管理使用过程；利用其关于射频政策法规、天线、电波传播、卫星、干扰、无线通信、大气衰减、微波工程、射频传感器设计、雷达和辐射计等方面的专业知识，为无源和/或有源射频设备协调并帮助其获取频率指配。

频谱管理人员（SM）的典型任务因从事的行业或机构以及特定职位而异。某些情况下，频谱管理人员负责创建、更新和审查频率指配建议，以确定与现有频率指配或许可证间是否存在用频冲突；确保遵守适用的政策、法规和程序；必要时提出改正措施建议。此外，频谱管理人员有时还需在国家和国际论坛上为某个部门的利益代言。

许多实体通过一个称为特别临时授权（STA）的程序申请例外使用未分配给它们的频谱，比如在繁忙的地铁区拍摄电影场景时需使用特殊的传声器频道，以避免射频干扰。

频谱管理人员的典型任务还包括编写修改 STA、申请豁免等无线电法规的建议。此外，频谱管理人员还需使用软件为新的射频用户做链路预算，分析提交到国际层面的关于世界无线电通信大会相关议题（AI）的文档提案等。

12.5.1 联邦频谱管理人员的典型任务

对于联邦部门的频谱管理人员，除上述任务外，其典型任务还包括为几个 NTIA IRAC（部门间无线电咨询委员会）的子委员会工作、在 SPECTRUM XXI 软件平台上为是否允许某部门使用某频段投票、评估 FCC 向 NTIA 提交的文件以及在几个部门间协调谅解备忘录（MoU），目的是最大化频谱的使用。联邦频谱管理人员还需利用 SPECTRUM XXI 开展干扰分析、进行频率指派和处理等工作。

联邦频谱管理人员需回应每周的 STA 申请，同时还要考虑到申请地点周边正在使用所申请频率的科学业务情况。

需注意在图 12.16 所示的情况下，在不到半小时内收到了五份 STA 申请。在投票接受例外情况之前，需要对其中的每项申请进行分析，以确定存在射频干扰的可能性。

图 12.16　某联邦频谱管理人员的电子邮件系统半小时之内收到的五份 STA 申请

对无线电频谱管理而言，频谱共用、射频干扰分析以及干扰缓解技术正成为越来越重要的课题，以满足新设备新应用对频谱需求的日益增长，同时还要使其对现有业务的负面影响降到最低。

我们期待在不久的将来开发出更多的新技术，以最大限度地提高频谱共享的效率，同时最大限度地减少对服务于社会的重要业务的干扰。

第 13 章 射频生物学效应

图 13.1 所示为正在发射和接收射频信号的移动信号塔。本章介绍了射频信号可能对人类产生的生物学效应,并考查了国际电联和其他机构的一些人体暴露于射频的指南,以及与此主题相关的一些定义。

图 13.1 移动信号塔

首先明确电离辐射和非电离辐射的区别。电离辐射有足够的能量从原子中移除电子并导致癌症(Gilbert,2009)。这类辐射的例子有 X 射线和伽马射线。

非电离辐射没有足够的能量将电子从围绕原子的轨道上分离出来。例如,包括电视、超高频、调幅和微波在内的无线电频率发射。

电离辐射使原子带正电荷,因此每个原子都变成一个离子。这种电离过程会对 DNA 结构造成损害,从而导致多种癌症。这一事实早已众所周知。

电离辐射与原子相互作用，产生激发，进而产生热量。非电离辐射穿透组织的能力取决于特定的频率，这决定了生物学效应的类型和位置。

图 13.2 示出具有电离特性位置的电磁频谱图。

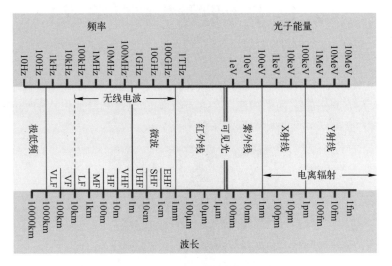

图 13.2　具有电离特性位置的电磁频谱图（源自：NIH，2013）

13.1　射频暴露对健康的影响

之前人们认为非电离辐射不会致癌。然而，2011 年，联合国世界卫生组织（WHO）下属的国际癌症研究机构（IARC）得出结论，非电离辐射是一种潜在的人类致癌物质（图 13.3）。来自 14 个国家的 31 名科学家组成的工作组确定，重度使用者患脑瘤的风险增加了 40%。"重度使用者"一词被定义为在 10 年期间每天使用手机超过 30min。

同行评议的论文中记录了手机电磁波对人类的其他影响，这些影响涉及：认知能力退化（Mika 等，2000 年）、糖尿病（Meo 等，2015 年）、对人类认知能力的可测量影响（Koivisto，2000）、甲状腺功能减退和甲状腺细胞凋亡诱因（Esmekaya 等，2010 年）、对人内皮细胞的影响（Leszczynski 等，2004 年）、人单核细胞中活性氧（ROS）水平的增加（Yao Sheng 等，2012 年）、对中枢神经系统及免疫功能和生殖的影响、人类蛋白质表达的改变（Karinen 等，2008 年）、癌症（Meena 等，2016 年）、对昆虫繁殖和发育的影响（Weisbrot 等，2003 年）、凋亡细胞死亡特征的检测（Chavdoula 等，2010 年）、对无毛大鼠皮肤的影响

（Masuda 等，2006）、对蛋白质组的影响（Leszczynski 等，2013）以及对人外周血单核细胞的改变（Kazemi 等，2015），这里仅举几个例子。

图 13.3　世界卫生组织联国际癌症研究所将射频电波归类为
可能致癌的因素（源自：IARC，2011）

1996 年，世界卫生组织在日内瓦建立了国际电磁场项目。该项目的部分目标是审查有关静电和时变电场及磁场对健康影响的文献，并鼓励制定国际上可接受的统一标准。世界卫生组织在该项目上的合作伙伴包括：国际电联（ITU）、国际劳工组织（ILO）、国际非电离辐射防护委员会（ICNIRP）和联合国环境规划署（UNEP）。该项目也是世界卫生组织公共卫生、环境和社会健康决定因素部（PHE）家庭、妇女和儿童健康（FWC）类别的组成部分。

世界卫生组织国际癌症研究机构（IARC）的目标包括：

（1）监测全球癌症发生情况。

（2）确定癌症的原因。

（3）阐明致癌机制。

（4）制定科学的癌症控制策略。

国际劳工组织（ILO）是联合国驻日内瓦机构，与世界卫生组织在职业辐射暴露领域合作。

国际非电离辐射防护委员会（ICNIRP）是一个非政府机构（NGA）。该机构于 1998 年制定了安全射频辐射标准，并且至今没有修改过。这些准则仍然在世界许多地方使用。

2014 年，ITU-D 发布了一份题为 Q23/1 "关于人类暴露于电磁场的战略和政策"的报告,并汇编了成员国的监管政策。该报告显示,目前的研究并没有确凿证据表明电磁暴露对人类有任何伤害。向消费者传达该信息对缓解恐惧并允许通信设备部署非常重要。

1991年,IEEE发布了关于比吸收率(SAR)水平和最大允许暴露(MPE)的建议,适用于3kHz以上至300GHz频率的功率密度。

2002年,IEEE发布文件规定了人体暴露于3 kHz或更低频率电磁场的安全标准。其结论是,没有足够的证据表明,即使是在职业环境中,长期接触电磁场会产生不利影响或导致包括癌症在内的疾病。

国际电联统计数据显示,2017年约有77亿手机用户(图13.4)。国际电联电信标准化部门(ITU-T)和无线电通信部门(ITU-R)的几个研究组(SG)对非电离辐射测量进行了研究。

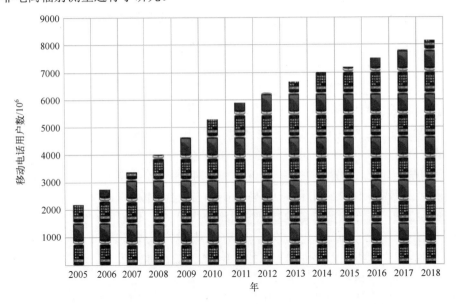

图13.4 2005—2018年全球移动电话用户数

例如,电信标准化部门(ITU-T)第五研究组致力于电磁环境影响的防护。此外,其他研究组还涉及许多与人类安全辐射水平相关的议题,包括普通公众和职业风险。

13.1.1 ITU与人体射频暴露有关的建议书

以下是ITU-T关于人体射频暴露的一些建议书。

(1) ITU-T K.91——射频电磁场对人体辐射的评定、评估和监测指导意见。

(2) ITU-T K.100——用以确定基站投入使用时是否符合人体暴露限值的射频电磁场测量。

(3) ITU-T K.83——电磁场水平监测。

(4) ITU-T K.70——在无线电通信电台附近限制人体暴露于电磁场（EMF）方面的缓解技术。

由于功率密度 S 可以表示为到发射塔的距离 R（图 13.5）以及归一化天线增益图 $F(\theta)$ 的函数，因此一些缓解技术采用增加天线高度的方法以降低辐射水平。

$$S_{eq} = \frac{\text{EIRP}}{4\pi R^2} F(\theta \cdot \varphi) = \frac{PG_i}{4\pi R^2} F(\theta \cdot \varphi)$$

一种方法是随着仰角的增加和发射天线旁瓣电平的降低，可实现额外的衰减。另一种方法是增加天线增益（主要是通过减小仰角波束宽度），这样通过较低的发射功率馈送高增益天线，可以实现相同的 EIRP 值。

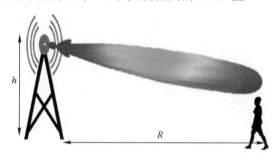

图 13.5　距离天线 R 处的辐射

ITU-R 建议书考虑了天线方向图的形状，而天线方向图形状取决于具体的应用。例如，对于中继塔之间的链路，天线具有高增益，因此方向图以极强的方向性指向另一个塔。

对手机来说，天线方向图的主瓣方向是下倾的，以使信号更好地到达手机。此外，手机还设计了自适应功率控制（APC）功能，该功能意味着当基站由于远离塔台，或有树木等障碍物遮挡，或在电梯中而影响到信号接收时，手机将自动增加发射功率。因此，当你的手机显示信号低到只有一格的时候，它就会自动增加输出功率。这是在这种情况下最好不要使用手机的一个重要原因。

如图 13.6 所示，对于信号塔间的链路，天线具有朝向另一个塔的高度定向增益。相反，手机发射塔的天线方向图指向使用手机的人的位置。这也是为什么手机在靠近基站时和在信号满格时辐射更少的原因。与通话相比，发短信时的辐射更小，因为此时手机发射的电磁波相对较少。

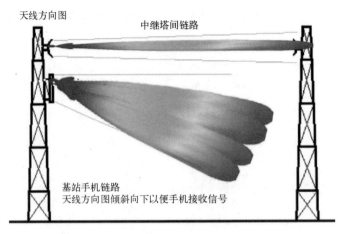

图 13.6 天线方向图形状随应用而变化示意图

ITU-T K.61 建议书提供了如何更好地测量电信设施电磁场以符合人体暴露限值的指南。该文件采用了几种数值方法，如用时域有限差分法（FDTD）和矩估计法（MOM）来计算电磁场水平，同时还考虑了反射和许多其他因素。

ITU-T K.52 建议书提供了一份指南，说明在安装电信设备、基站和无线通信设备（如移动手机或其他辐射设备，这些设备靠近耳朵或身体使用）时，应遵守人体暴露于电磁场的限制规定。该建议书基于国际非电离辐射防护委员会（ICNIRP）提供的安全限值。它还定义了三个暴露区：首先是天线近旁的辐射超标区，然后是射频员工的职业区，最后是为公众设置的符合区（图 13.7）。ITU-T K.52 没有设置安全限值，而是寻求提供电信设备合规性的评估技术。

该建议书还提供了带配置示例的计算方法，并使用了成熟技术和保守方法。

ITU-T K.52 和 K.70 建议书附带了计算累积暴露（图 13.8）和等效全向辐射功率（EIRP）的软件包。两者均可在 ITU 网站上免费在线获取。

图 13.7 ITU-T K.52 定义的辐射源暴露区

ITU-R 广播业务建议书 BS.1698 提供了广播电台射频暴露的估计值，以帮助制定保护人员免受潜在有害影响的标准。该建议书列出了针对职业人员和公众的预防措施。BS.1698 定义了功率密度矢量，也称为坡印廷矢量 S，以 $Watt/m^2$ 为单位，由发射功率、天线增益以及从人到信号源的距离表示。S 也可以表示为电场强度的平方除以固有阻抗η，对于自由空间，η等于377Ω。电场的单位为V/m。

$$S = \frac{E^2}{\eta} = \frac{PG_rG_a}{4\pi r^2}$$

辐射强度随距离平方的倒数（即$1/r^2$）而变化，这意味着距离信号源越远，场强越低。

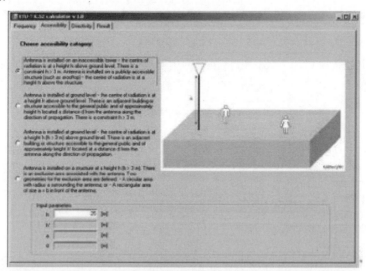

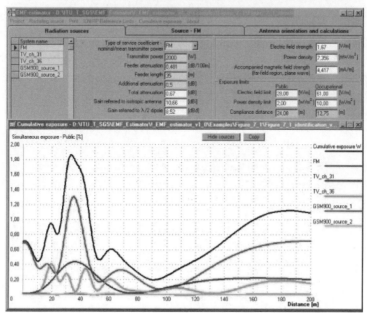

图13.8　EMF累积暴露估计器的屏幕截图

13.2 比吸收率

比吸收率（SAR）是人体在暴露于射频电磁场时吸收能量的比率的度量。SAR 定义为单位质量组织吸收的功率，单位为 W/kg。SAR 的计算是材料电导率 σ 乘以电场平方除以密度 ρ 的积分，所有这些项都是穿透距离 r 的函数。

$$\text{SAR} = \int_{\text{sample}} \frac{\sigma(r)|E(r)|^2}{\rho(r)} \mathrm{d}r$$

从上述方程可以看出，根据可用的电参数和功率测量方式，有几种方法可以计算 SAR。以下是 SAR 的一些等效方程：

$$\text{SAR} = \frac{\sigma E^2}{\rho_m} = C \frac{\mathrm{d}T}{\mathrm{d}t} = \frac{J^2}{\rho_m \sigma}$$

式中：E 是人体组织的内部电场强度值，单位为 V/m；σ 是人体组织的电导率，单位为 S/m；ρ_m 是人体组织的密度，单位为 kg/m³；C 是人体组织的质量热容，单位为 J/kg·℃；$\frac{\mathrm{d}T}{\mathrm{d}t}$ 是人体组织温度的变化率或时间导数，单位为 ℃/s；J 是人体组织中感应电流密度的值，单位为 A/m²。

$$\text{SAR} = \frac{\mathrm{d}}{\mathrm{d}t} \frac{\mathrm{d}W}{\mathrm{d}m} = \frac{\mathrm{d}}{\mathrm{d}r} \left[\frac{1}{\rho_m} \frac{\mathrm{d}W}{\mathrm{d}V} \right]$$

质量增量（dm）内的局部 SAR 定义为吸收能量增量（dW）除以质量变化的时间导数。需要注意的是，任何材料的电导率都取决于通过其传播的信号的工作频率。电导率与介质吸收的程度（即介电损耗）以及波穿透的深度有关。最后一个参数称为表皮或穿透深度，通常用希腊语 δ 表示。

13.3 人体射频限值

世界不同地区的人体射频限值要求各不相同。表 13.1 列出了针对两个常用手机频率的部分示例。美国和日本的射频功率密度允许水平最高，其次是欧洲大部分国家，之后是加拿大和其他国家等。

表 13.1 手机频率限值举例

射频限值/(W/m²)	900MHz	1.8GHz
美国，日本	6	10
大多数欧洲国家，阿根廷，澳大利亚，马来西亚，韩国，秘鲁，赞比亚	4.5	9

续表

射频限值/(W/m²)	900MHz	1.8GHz
加拿大	2.74	4.4
希腊	2.7/3.15	5.4/6.3
保加利亚、智利、意大利	0.1/1.0	0.1/1.0

一些国家对学校和医院等敏感区域设定了更低的限值标准。对于大多数国家，头部和躯干的 SAR 限值水平通常为 2W/kg，加拿大、美国和其他国家除外，其限值较低，为 1.6W/kg。通过在互联网上搜索"SAR 评级手机"，可以获得不同制造商的普通手机的 SAR 评级。

13.3.1 专用仿真人体模型

现有的手机认证过程使用了一种称为专用仿真人体模型（SAM）的头部塑料模型，该模型是基于美国 1989 年入伍的前 10% 的新兵头部信息开发。实际上只有 3% 的美国人的头部有 SAM 大小，因此一些科学家声称使用 SAM 低估了 SAR。此外，SAM 模型是一个均质头部（充满液体），并且在测试中使用了 10cm 的塑料耳垫，这降低了计算出的 SAR 值。SAM 头部模型的图像可从 Speag Phantom 网站下载，网址为：https://speag.swiss/products/em-phantoms/accessories/ftmv2/。

犹他大学的 O.P.Gandhi 领导的科学家团队利用 FDTD 计算机模拟过程开发了一个头部模型，该过程基于 MRI/CT 扫描，采用了解剖学上准确的头部尺寸，包括 80 种具有精确三维位置的组织类型，每个组织类型的电特性用于计算手机的 SAR 水平（Gandhi 等，1996；Gandhi 等，2011）。

该团队声称，该模型适用于所有头部尺寸，包括儿童和成年人，并表明射频信号对大脑的穿透力随头部尺寸和体质而变化。他们还提到，婴儿头骨中的骨头并不覆盖整个大脑。这是因为人类 21 岁之前骨骼不会发育完全（图 13.9）。科罗拉多大学和阿联酋的研究人员也将 FDTD 用于头部模型，并发现了类似的结果（Aly 和 Piket May，2014）。

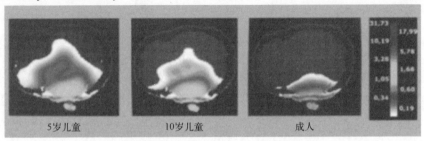

图 13.9　不同年龄人群对 900MHz 手机信号的辐射吸收程度

13.3.2 手机警告信息

许多手机警告信息（图 13.10）都明确提出，设备与身体之间应始终保持 2.5cm 左右的距离。该警告是使用 SAM 头部模型得出的。然而，此消息通常隐藏在设备设置中，而不在用户手册中，或者完全不存在，具体取决于手机型号和移动公司。因此，人们习惯将手机放在口袋里，或直接放在头部或身体其他部位旁边。

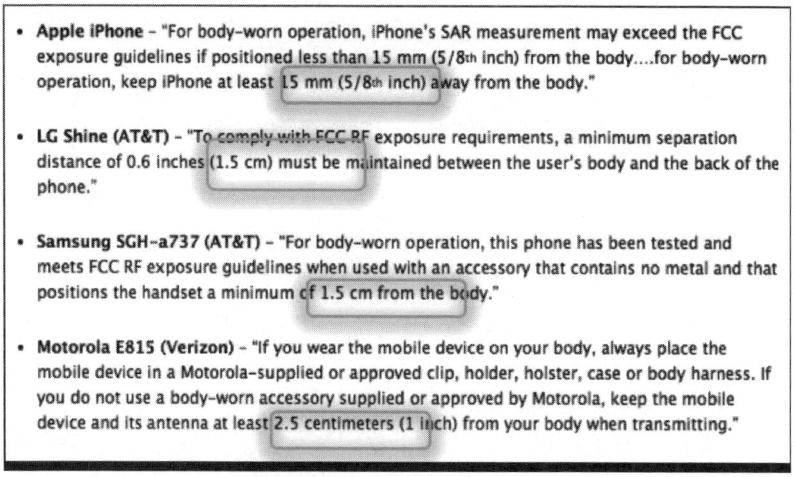

- **Apple iPhone** – "For body-worn operation, iPhone's SAR measurement may exceed the FCC exposure guidelines if positioned less than 15 mm (5/8th inch) from the body....for body-worn operation, keep iPhone at least 15 mm (5/8th inch) away from the body."

- **LG Shine (AT&T)** – "To comply with FCC RF exposure requirements, a minimum separation distance of 0.6 inches (1.5 cm) must be maintained between the user's body and the back of the phone."

- **Samsung SGH-a737 (AT&T)** – "For body-worn operation, this phone has been tested and meets FCC RF exposure guidelines when used with an accessory that contains no metal and that positions the handset a minimum of 1.5 cm from the body."

- **Motorola E815 (Verizon)** – "If you wear the mobile device on your body, always place the mobile device in a Motorola-supplied or approved clip, holder, holster, case or body harness. If you do not use a body-worn accessory supplied or approved by Motorola, keep the mobile device and its antenna at least 2.5 centimeters (1 inch) from your body when transmitting."

图 13.10 几种型号手机中的典型警告信息

2018 年发表在《环境与公共卫生杂志》（Philips 等，2018）上的一项研究发现，近几十年来，英格兰侵袭性恶性脑瘤的发病率翻了一番多。但很难确定这与手机使用有关，因此有必要开展更多的研究。与此同时，从安全的角度来看，谨慎一些可能更好。

13.3.3 用于射频测量的手机应用程序

有几个智能手机应用程序可以测量 Wi-Fi 网络和附近手机信号塔的功率水平。其中一个应用程序是 SignalCheck Pro，它可显示附近与手机连接的信号塔和 Wi-Fi 的功率（以 dBm 为单位）（图 13.11）。

有其他应用程序会在一张地图上示信号塔的位置。需要注意的是，这个应用程序没有列出用户自己设备的发射功率，这通常比来自 Wi-Fi 和手机塔的功率之和还要大。以图 13.11 为例，计算并比较所有信号塔的总功率与 Wi-Fi 发射机的功率水平。为了获得所有信号塔的功率，首先需要将 dBm 变为线性标度，然后再变回 dBm。如果将所有信号塔的贡献相加（约-106dBm），然后将此总和与 Wi-Fi 信号（-76dBm）进行比较，您会发现 Wi-Fi 比所有塔的信号加起来大约大 1000 倍！此外，当不处于飞行模式时，手机辐射本身通常为 7dBm，比-76dBm 高 83dB，相当于 1.25 亿倍。

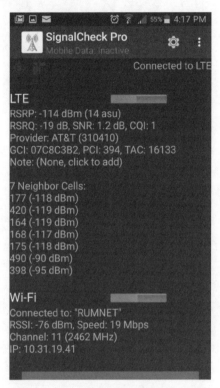

图 13.11　SignalCheck Pro 智能手机应用程序以 dBm 显示来自附近信号塔以及手机连接的 Wi-Fi 的功率

许多人担心手机信号塔的辐射，但他们每晚都睡在 Wi-Fi 设备旁边，并且把手机放在口袋里。更糟糕的是，把不在飞行模式下的手机拿给孩子，就像玩具一样。

13.3.4　机场人体扫描仪

另一个需要考虑的案例是美国运输安全管理局（TSA）使用的机场人体扫描仪的射频辐射（图 13.12）。一些频率范围用于人员扫描的优势在于其可以穿透衣服等轻质材料，以检测金属和致密材料（NAP，2017）。L3 ProVision 系统使用 24～30GHz 的辐射，并使用"主动照明"方式。

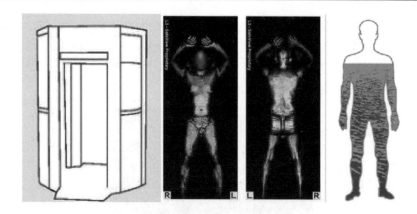

图 13.12　机场人体扫描相关图示

其中，左图显示的机场人体扫描仪使用 24~30GHz 来检查物体，该频率范围在
水分子的共振范围内；中间图是操作员看到的图像；右图显示成人
人体由大约 60%的水组成，儿童的这一比例更高

水分子在 22GHz 附近有一条共振线。由于水的连续吸收，衰减在很大程度上随频率增加。需要注意的是，这些机场人体扫描仪的发射频率非常接近水分子吸收率高的频率区域。请记住，成人平均由 60%的水组成；我们的大脑和心脏由 73%的水组成，我们的肺约含 83%的水，我们的皮肤含 64%的水、肌肉和肾脏是 79%，骨骼是 31%（Mitchell 等，1945 年）。婴儿和儿童的含水量更高，高达 78%，随着年龄增长，这一比例会下降（美国地质调查局，2019）。

ICNIRP 1998 年和 2009 年的报告表明，人体扫描仪在脉冲模式下工作，其功率水平很低，但脉冲持续时间内可以产生高达 1 kW/m^2 的功率密度。

13.4　射频暴露的新近研究

2018 年，有两项关于手机射频波长期暴露效应的研究出版。一项来自 Ramazzini 研究所（Falcioni 等，2018），另一项来自美国国家卫生研究院（NIH）下属的国家毒理学计划（NTP）。第一项研究报告了暴露于射频的大鼠大脑和心脏肿瘤的发病率增加，并且这些肿瘤与在手机用户身上观察到的肿瘤类型相同。第二项研究是有史以来关于手机射频辐射和癌症的最大规模动物研究。这项研究发现，在大鼠的性别中，神经胶质瘤（一种恶性脑癌）和神经鞘瘤（一个神经鞘肿瘤）的发病率都有所增加，但只有在雄性大鼠中才达到统计学意义。两种射频辐射的调制信号都会导致 DNA 损伤。ICNIRP 驳斥了这两项研究。该组织的一份最新报告（2014 年到 2018 年 10 月）还在编写中，该报告再次表示"没有证据表明射频电磁场会导致癌症等疾病"(ICNIRP,2018)。另一项由《芝加哥论坛报》资助并于2019年发表的研究发现,大多数测试的蜂窝电话单元都超过了FCC要求的1.6 W/kg的安全SAR水平。在大多数手机上,这个水平是在距离身体5~15mm处测试的,但现实是,大多数人使用和保持手机距离身体2mm或更小。如该报告所示,在这种近距离下,辐射量将增加到FCC限值的数倍以上[①]。

我们生活在一个每天都暴露于非电离辐射的世界,且随着技术的进步,生存环境中的辐射量预计还会增加。在采用这些射频应用之前,研究其暴露影响是很有意义的。

我们必须始终记住无线电频谱管理的定义,即"规范无线电频率使用以促进有效使用并获得净社会效益的过程",最后但同样重要的是,其目的是为社会所有成员实现净效益。

---

① www.chicagotribune.com/investigations/ct-cell-phone-radiation-testing-20190821-72qgu4nzlfda5kyuhteiieh4da-story.html?fbclid=IwAR3PHxbQpXrBSUdAj5N-l15vH0OsI8A8MjfYPC3XUunzQyIl_GYqqed4VyI.

缩 略 语

ALMA 阿塔卡马大型毫米波/亚毫米波阵列（射电望远镜）
AMS 航空移动业务
AMS(OR) 航空移动（非航线）业务
AMS(OR)S 卫星航空移动（非航线）业务
AMS(R)S 卫星航空移动（航线）业务
AMSS 卫星航空移动业务
APC 自适应功率控制
APT 亚太电信组织
ARNS 航空无线电导航业务
ARNSS 卫星航空无线电导航业务
AS 业余业务
ASS 卫星业余业务
ASMG 阿拉伯频谱管理组织
ATU 非洲电信联盟
BINGO 通过对宇宙中性氢气体的观测来捕捉重子声学振荡信号
BPA 物理和天文学委员会（美国国家科学院）
BS 广播业务
BSS 卫星广播服务
BW 带宽
CEPT 欧洲邮电管理委员会
CFR 联邦法规汇编
CITEL 美洲电信委员会
CORF 无线电频率委员会（美国国家科学院）
COSPAR 空间研究委员会
CPM 世界无线电通信大会筹备会议
CW 连续波
DBS 直播卫星业务

DRSS 卫星无线电测定业务
DTH 直接到户信号
E-s 地对空（上行链路）
ECC 欧洲电子通信委员会
EESS 卫星地球探测业务
EIRP 等效全向辐射功率
EMC 电磁兼容性
EMF 电磁场
ENSO 厄尔尼诺南方涛动
EPFD 等效功率通量密度
EPS 应急计划分委会（美国 IRAC）
FARS 遥感频率划分委员会（IEEE）
FAS 频率指配分委会（美国 IRAC）
FAST 五百米口径球面望远镜
FCC 联邦通信委员会
FDM 频分复用
FDTD 有限差分时域法
FM 调频
FMT 衰落补偿技术
FN&O 拟议法规和程序制定二次通知
FNPRM 拟议规则制定的进一步通知
FR 联邦公报
FS 固定业务
FSS 卫星固定业务
FWCC 固定无线通信联盟
GBT 绿湾射电天文望远镜
GSM 全球移动通信系统
GSO 地球静止轨道
HALCA 通信和天文学先进实验室
HEO 高椭圆轨道
HPBW 半功率波束宽度
IEEE 电气和电子工程师学会
IF 中频
IFRB 国际频率注册委员会

IMT 国际移动通信
IRAC 部门间无线电咨询委员会
ISM 工业、科学和医疗
ISS 卫星间业务
ITU 国际电信联盟
ITU RA 国际电联无线电通信全会
ITU-R 国际电联无线电通信部门
IUCAF 射电天文与空间科学频率划分科学委员会
LAN 局域网
LEO 低地球轨道
LMR 陆地移动电台
LMS 陆地移动业务
LMSS 卫星陆地移动业务
LNA 低噪声放大器
LO 本地振荡器
LOFAR 低频阵列望远镜
LPR 低功率雷达
MEO 中地球轨道
MetAid 气象辅助业务
MetSat 卫星气象业务
MMS 水上移动业务
MMSS 卫星水上移动业务
MOM 矩估计法
MRNS 水上无线电导航业务
MRNSS 卫星水上无线电导航业务
MS 移动业务
MSS 卫星移动业务
NAIC 国家天文学和电离层中心
NAICS 北美行业分类系统
NAS 美国国家科学院
NASEM 美国国家科学、工程与医学院
NGSO 非地球静止轨道
NOI 查询通知
NPRM 拟议规则制定的通知

NRAO 国家射电天文台
NRC 国家研究委员会
NTIA 国家电信和信息管理局
OOBE 带外辐射
OSTP 科技政策办公室
PFD 功率通量密度
POS 港口操作服务
PP 全权代表大会
PRF 脉冲重复频率
RAS 射电天文业务
RCC 通信领域区域共同体
RCS 无线电会议分委会（美国 IRAC）
RDS 无线电测定业务
Rec. ITU 国际电联建议书
RF 射频
RFI 射频干扰
RLS 无线电定位业务
RLSS 卫星无线电定位业务
RNS 无线电导航业务
RNSS 卫星无线电导航业务
RoP 议事规则
RRB 无线电规则委员会
s-E 空对地（下行链路）
S/N 信噪比
SAR 比吸收率
SAR 合成孔径雷达
SFTS 标准频率和时间信号业务
SFTSS 卫星标准频率和时间信号业务
SG 研究组
SIA 卫星产业协会
SKA 平方公里远射望远镜阵列
SMS 船舶运转业务
SOS 空间操作业务
SPS 频谱规划分委会（美国 IRAC）

SRS 空间研究业务
SSS 空间系统分委会（美国 IRAC）
STA 特别临时授权
TSC 技术分委会（美国 IRAC）
TVWS 电视空白频段
TVWSD 电视空白频段设备
U-NII 无需授权的国家信息基础设施
URSI 国际无线电科学联盟
UWB 超宽带（调制技术）
VLA 卡尔·让斯基超大型干涉射电望远镜
VLBA 超长基线阵列射电望远镜
WLAN 无线局域网
WMTS 无线医疗远程监测业务
WP 工作组
WRC 世界无线电通信大会
Wi-Fi 无线保真（无线网络技术）

参 考 文 献

[1] Akpan N., "*Too many Christmas lights may paralyze your WiFi, but here's how to fix it*", PBS.org, Dec 2015.

[2] Altunin, V., K. Miller, D. Murphy, J. Smith, and R. Wietfeldt, "*Space Very Long Baseline Interferometry (SVLBI) Mission Operations*", TMO Progress Report 42-142, August 15, 2000.

[3] Aly, A. and M. Piket-May, "*FDTD Computation for SAR Induced in Human Head due dto Exposure to EMF from Mobile Phone*", Advanced Computing: An International Journal (ACIJ), Vol.5, No.5/6, November 2014

[4] Andrusenko, J., J. L. Burbank, and F. Ouyang, "*Future Trends in Commercial Wireless Communications and Why They Matter to the Military*", Johns Hopkins APL Technical Digest, Volume 33, Number 1 (2015)

[5] ARRL QST, "*Light Bulbs and RFI — A Closer Look*", 2013

[6] Badman, L. "*7 WiFi Killers That May Surprise You*", NetworkComputing, Dec. 2015

[7] Balanis, C. A.: **Antenna Theory: Analysis and Design**, Harper and Row, New York, 1997.

[8] Benjamin, S. M. and J. B. Speta, Telecommunication Law and Policy, Chapter 7, retrieved from https://law.duke.edu/fac/benjamin/telecom/chapter2.pdf

[9] Book: (Cruz-Pol, S., co-author), "*Views of The U.S. National Academies of Sciences, Engineering, and Medicine on Agenda Items of Interest to the Science Services at the World Radiocommunication Conference 2019*", The National Academies, 2017.

[10] Camps A., J. Gourrion, J.J. Tarongí, M.Vall-Ilossera, A. Gutierrez, J.Barbosa, and R. Castro, "*Radio-Frequency Interference Detection and Mitigation Algorithms for Synthetic Aperture Radiometers*" Algorithms 2011, retrieved from:www.mdpi.com/1999-4893/4/3/155/htm

[11] Chavdoula ED, Panagopoulos DJ, Margaritis LH "*Comparison of biological effects between continuous and intermittent exposure to GSM-900-MHz mobile phone radiation: detection of apoptotic cell-death features*", Mutat Res 700:51–61,2010

[12] Clegg, A., 4th IUCAF School, Presentation, Chile, 2014

[13] Collin, R. E., **Antennas and Radiowave Propagation**, McGraw-Hill, New York, 1985.

[14] Cruz Pol, S. L., and C. S. Ruf, "*A Modified Model for the Sea Surface Emissivity at*

Microwave Frequencies", IEEE Trans. on Geoscience and Remote Sensing, Vol. 38 No. 2, pp. 858-869, 2000.

[15] Cruz Pol, S. L., C. S. Ruf and S. J. Keihm, *"Improved 20-32 GHz Atmospheric Absorption Model,"* Radio Science, Vol. 33, No. 5, pp1319-1333, September-October 1998.

[16] Cruz Pol, S., "**Teoría y Diseño de Antenas**", 2017.

[17] Cruz-Pol, S., *"Tutorial: An Introduction to RF Spectrum Management and Its Relevance for Geosciences and Remote Sensing"*, IEEE IGARSS 2017, Fort Worth, CO, Jul 2017

[18] Cruz-Pol, S., L. VanZee, D. Emerson, T. Gergely, N. Kassim, D. LeVine, A. Lovell, J. Moran, S. Ransom. and P. Siqueira, *"Spectrum Management and the Impact of RFI on Science Sensors"*, 2018 IEEE 15th Specialist Meeting on Microwave Radiometry and Remote Sensing of the Environment (MicroRad), March 2018,.

[19] CTIA, *The State of Wireless*, July 2018, www.ctia.org/news/the-state-of-wireless-2018

[20] D'Agostino, S., *"Pourquoi Hertz et non pas Maxwell, a-t-il découvert les ondes électriques?"*, *Centaurus* **32** (1) (1989), 66-76.

[21] DARPA, *"Grand Challenge to Focus on Spectrum Collaboration"*, Retrieved from: www.darpa.mil/news-events/2016-07-19a

[22] De Matthaeis, P. Oliva R., Soldo, Y. and S. Cruz-Pol, *"Spectrum Management and Its Importance for Remote Sensing"*, IEEE GRS Magazine, June 2018, pp16-25.

[23] DeBoer, D., J. Judge, B. Blackwell, S. Cruz-Pol, M. Davis, T. Gaier, K. Kellerman, D. LeVine, L. Magnani, D. McKague, T. Pearson, A. Rogers, G. Taylor, A. Thompson, and L. VanZee, *"Views of the U.S. NAS and NAE on agenda items at issue at the world radiocommunications conference 2015"*, 42 Pages: National Academies Press, Washington DC, ISBN 978-0-309-29112-5, 2013.

[24] Draper, D. W. and P. de Matthaeis, *"Characteristics of 18.7 GHz Reflected Radio Frequency Interference in Passive Radiometer Data"*, IGARSS, 2019.

[25] Egerton, J., *"FCC Resolves White Spaces Issues"*, Multichannel News (2019). Retrieved from www.multichannel.com/news/fcc-resolves-white-spaces-issues

[26] Ericsson, *"Mobile subscriptions worldwide outlook"* Report, Nov 2017 Retrieved from www.ericsson.com/en/mobility-report/reports/november-2017/mobile-subscriptions-worldwide-outlook

[27] ESA, *"Satellite Earth Observations in Support of the Sustainable Development Goals"*, Special 2018 Edition, available at http://eohandbook.com/sdg/files/CEOS_EOHB_2018_SDG.pdf

[28] Esmekaya MA, Seyhan N, Ömeroglu S *"Pulse modulated 900 MHz radiation induces hypothyroidism and apoptosis in thyroid cells: a light, electron microscopy and*

immunohistochemical study". Int J Radiat Biol 86:1106–1116, 2010.

[29] European Space Agency (ESA), www.ofcom.org.uk/__data/assets/pdf_file/0020/84215/esa_usage_of_the_rf_spectrum__presentation_to_ofcom_workshop.pdf

[30] Falcioni L, Bua L, Tibaldi E, Lauriola M, De Angelis L, Gnudi F, Mandrioli D, Manservigi M, Manservisi F, Manzoli I, Menghetti I, Montella R, Panzacchi S, Sgargi D, Strollo V, Vornoli A, Belpoggi F, "*Report of Final Results Regarding Brain and Heart Tumors In Sprague-Dawley Rats Exposed From Prenatal Life Until Natural Death to Mobile Phone Radiofrequency Field Representative of A 1.8 GHz GSM Base Station Environmental Emission*", Environ Res. Aug;165:496-503, 2018

[31] FCC, "*Expanding the Economic and Innovation Opportunities of Spectrum Through Incentive Auctions, Report and Order,*" 29 FCC Rcd 6567, 2014

[32] FCC, FCC 19-24, R&O and Order on Reconsideration, 2019. ET Docket No. 16-56 RM-11745, retrieved from https://docs.fcc.gov/public/attachments/FCC-19-24A1.pdf

[33] FierceWireless, "*It's over: FCC's AWS-3 spectrum auction ends at record $44.9B in bids*", Jan 2015, Retrieved from: www.fiercewireless.com/wireless/it-s-over-fcc-s-aws-3-spectrum-auction-ends-at-record-44-9b-bids

[34] Forte Véliz, Giuseppe F., "*Contributions to radio frequency interference detection and mitigation in Earth observation*",Ph.D. Dissertation at Universitat Politècnica de Catalunya, 2015

[35] Gandhi, O. P., Lazzi, G., Furse, C. M. (1996). "*Electromagnetic absorption in the human head and neck for mobile telephones at 835 and 1900 MHz*", IEEE Trans. Microwave Theor. Techniq., 44(10):1884–1897, 1996

[36] Gandhi, O.P, Morgan L.L., de Salles A.A., Han Y.Y., Herberman R.B, and Devis D.K. "*Exposure Limits: The underestimation of absorbed cell phone radiation, especially in Children*", J. Electromagnetic Biology and Medicine, 2011

[37] Gergely, T. "*La gestión del espectro de radio*" CienciaHoy, Jan 2014, NO. 137 http://cienciahoy.org.ar/2014/04/la-gestion-del-espectro-de-radio/

[38] Gergely, T. [2002] *Conferencias Mundiales de Radiocomunicaciones en «Spectrum Management for Radio Astronomy*; proceedings of the IUCAF summer school held at Green Bank, W. VA, 9-14 de junio de 2002, Eds. B.M. Lewis y D.T. Emerson, Charlottesville, VA.

[39] Gergely, T. and Cruz-Pol, S., "*The RF Spectrum*', NSF internal presentation, Feb. 2015.

[40] Gilbert, E.S., "*Ionizing Radiation and Cancer Risks: What Have We Learned From Epidemiology?,*" Int. J. Radiation Biology, Jun 2009

[41] **Handbook of Frequency Allocations and Spectrum Protection for Scientific Uses**, CORF,

National Academies, 2015

[42] **Handbook of Frequency Allocations and Spectrum Protection for Scientific Uses,** CORF, National Academies, 2007

[43] **Handbook of Space Technology**, edited by W. Ley, K. Wittmann, W. Hallmann 2011.

[44] Hansen, D., "*Lockheed venture arm increases investment in maker of tiny satellites*", Business Journal, Aug 7, 2018

[45] Havoc, G., "*The Titanic's Role in Radio Reform*", IEEE Spectrum, April 15, 2012, pp. 4–6

[46] http://morse.colorado.edu/~tlen5510/text/classwebch3.html

[47] www.grss-ieee.org/community/technical-committees/frequency-allocations-in-remote-sensing/

[48] www.naic.edu/~rfiuser/smarg-iridium.html

[49] https://qz.com/296941/interactive-graphic-every-active-satellite-orbiting-earth/

[50] www.ntia.doc.gov/legacy/osmhome/EPS/openness/sp_rqmnts/fixed2.html

[51] ICNIRP, "*Note On Recent Animal Carcinogenesis Studies*", Germany, April, 2018.

[52] Information for Development Program (infoDev) and the International Telecommunication Union (ITU) ICT Regulatory Toolkit, "*Radio Spectrum Management*" 2016, Retrieved from: www.ictregulationtoolkit.org/en/contents

[53] Iridium, "*Iridium Completes Historic Satellite Launch Campaign*", http://investor.iridium.com/2019-01-11-Iridium-Completes-Historic-Satellite-Launch-Campaign, Retrieved on June, 2019

[54] ITU (International Telecommunication Union) website

[55] ITU **Handbook on Radio Astronomy**, 2013

[56] **ITU Radio Regulations**, ITU Publication, Geneva, 2016.

[57] ITU-R website

[58] ITU Statistics 2018 Report on global and regional ICT estimates

[59] ITU, "*IMT-2020 Network High Level Requirements, How African Countries Can Cope*", : www.itu.int/en/ITU-T/Workshops-and-Seminars/standardization/20170402/Documents/S2_4.%20Presentation_IMT%202020%20Requirements-how%20developing%20countries%20can%20cope.pdf

[60] ITU, "*The essential role and global importance of radio spectrum use for Earth observations and for related applications*", Report RS.2178, www.itu.int/pub/R-REP-RS.2178 , 2010

[61] JAXA, www.isas.jaxa.jp/en/missions/spacecraft/past/halca.html Retrieved 2019.

[62] Ott, J. and D.J. Pisano, "*A 3 mm Heterodyne Focal Plane Array for the GBT*", NRAO publication, 2007

[63] Karinen A, Heinävaara S, Nylund R, Leszczynski D, "*Mobile phone radiation might alter

protein expression in human skin." BMC Genomics 9:77–81, 2008

[64] Kazemi, E. , S. M. J. Mortazavi, A. Ali-Ghanbari, S. Sharifzadeh, R. Ranjbaran, Z. Mostafavi-pour,F. Zal, and M. Haghani, *"Effect of 900 MHz Electromagnetic Radiation on the Induction of ROS in Human Peripheral Blood Mononuclear Cells"*, J Biomed Phys Eng. 2015 Sep; 5(3): 105–114.

[65] Koivisto, M., Krause, C. M.; Revonsuo, A.; Laine, M. Hämäläinen, H., *"The effects of electromagnetic field emitted by GSM phones on working memory"*, NeuroReport: - Vol 11 - Issue 8 - p 1641–1643, Cognitive Neuroscience, Jun 2000

[66] Kraus, J. D., **Antennas**, McGraw-Hill, New York, 1995.

[67] Lacava, T., I.Coviello, G. Mazzeo,N. Pergola, and V. Tramutoli, *"On the potential of the AMSR-E based Polarization Ratio Variation Index (PRVI) for soil wetness variations monitoring"*, IEEE IGARSS, 2010

[68] Lacava, T., I. Coviello, M., Faruolo, G. Mazzeo, N. Pergola, V. Tramutoli, *"A Multitemporal Investigation of AMSR-E C-Band Radio-Frequency Interference"*, IEEE Transactions on Geoscience and Remote, 2013

[69] Le Vine, D. M., and P. de Matthaeis, *"Aquarius Active/Passive RFI Environment at L-Band"*, IEEE Geoscience And Remote Sensing Letters, VOL. 11, No. 10, Oct. 2014

[70] Le Vine, D.M., Johnson, J.T. and Peipmeirer, J., *"RFI and Remote Sensing of the Earth from Spac"e*, NASA Report, Oct 2016

[71] Leszczynski D, Joenväärä S, Reivinen J, Kuokka R.,*"Non-thermal activation of hsp27/p38MAPK stress pathway by mobile phone radiation in human endothelial cells: molecular mechanism for cancer- and blood–brain barrier-related effects."* Differentiation 70:120–129, 2002

[72] Leszczynski D.,*"Effects of Radiofrequency-Modulated Electromagnetic Fields on Proteome"*. In: Leszczynski D. (eds) Radiation Proteomics. Advances in Experimental Medicine and Biology, vol 990. Springer, Dordrecht,2013

[73] Marelli, Edoardo, *"ESA usage of the RF spectrum"*, Ofcom Workshop, Oct 17, 2015

[74] Masuda H, Sanchez S, Dulou PE, Haro E, Anane R, Billaudel B, Leveque P, Veyret B., *"Effect of GSM-900 and -1800 signals on the skin of hairless rats."* I: 2-hour acute exposures. Int J Radiat Biol 82:669–674, 2006

[75] Meena, Jitendra Kumar, Anjana Verma, Charu Kohli, and Gopal Krishna Ingle, *"Mobile phone use and possible cancer risk: Current perspectives in India"*, Indian J Occup Environ Med. 2016

[76] Meo S. A., Yazeed Alsubaie, Zaid Almubarak, Hisham Almutawa, Yazeed AlQasem, and

Rana Muhammed Hasanato, "*Association of Exposure to Radio-Frequency Electromagnetic Field Radiation (RF-EMFR) Generated by Mobile Phone Base Stations with Glycated Hemoglobin (HbA1c) and Risk of Type 2 Diabetes Mellitus*" Int J Environ Res Public Health, 2015

[77] Mitchell, H.H., T.S. Hamilton, F.R. Steggerda, and H.W. Bean, "The Chemical Composition of the Adult Human Body and its Bearding on the Biochemistry of Growth". J. Biological Chemistry 158, Feb. 1945.

[78] Mohammed, P., J.Piepmeir, J. Johnson, M. Aksoy and A. Bringer, "*Soil Moisture Active Passive (SMAP) Microwave Radiometer Radio Frequency Interference (RFI) Mitigation: Initial On-Orbit Results*", SMAP CAL VAL Workshop #6, NASA Goddard, 2015

[79] NAP, **Airport Passenger Screening Using Millimeter Wave Machines: Compliance with Guidelines**, Chapter 2, "*Millimeter Wave Advanced Imaging Technology*, 2017.

[80] NASA Aquarius, https://salinity.oceansciences.org/gallery-images-more.htm?id=18

[81] NASA JPL Aquarius Mission, RFI https://podaac.jpl.nasa.gov/dataset/AQUARIUS_ANCILLARY_RFI_V1

[82] NASA website

[83] NASA, "**Spectrum 101: An Introduction to National Aeronautics and Space Administration Spectrum Management**", February 2016

[84] NASA, *Electromagnetic Spectrum Regulation*, 2012 www.nasa.gov/directorates/heo/scan/spectrum/txt_accordion3.html

[85] National Science Foundation, *Enhancing Access to the Radio Spectrum (EARS) Program*, Retrieved from: www.nsf.gov/funding/pgm_summ.jsp?pims_id=503480

[86] Nature, "*Global 5G wireless networks threaten weather forecasts*", April 26, 2019

[87] NIH, "*Non-Ionizing Radiation, Part 2: Radiofrequency Electromagnetic Fields*", 2013.www.ncbi.nlm.nih.gov/books/NBK304634/

[88] NOAA website

[89] NTIA, **Handbook on Radio Regulations**, 2013, Retrieved www.ntia.doc.gov/files/ntia/publications/redbook/2013/1_13.pdf

[90] Nylund R., Leszczynski D.,"*Proteomics analysis of human endothelial cell line EA.hy926 after exposure to GSM 900 radiation*". Proteomics 4:1359–1365, 2004

[91] Phifer, M. **A Handbook of Military Strategy and Tactics**, 2012

[92] Philips A., D. L. Henshaw, G. Lamburn, and M. J. O'Carroll, "*Brain Tumours: Rise in Glioblastoma Multiforme Incidence in England 1995–2015 Suggests an Adverse Environmental or Lifestyle Factor*," Journal of Environmental and Public Health, vol. 2018,

Article ID 7910754, 10 pages, 2018. https://doi.org/10.1155/2018/7910754.

[93] Piepmeir, J, M. Davis, S. Ellingson, K. Kellerman, D. Long, D. McKague, J. Moran, M. Piket-May, . Rogers, S. Reising, R. Thompson, L. VanZee, and L. Ziurys, *"Views of the U.S. NAS and NAE on agenda items at issue at the world radiocommunications conference 2012"*, 56 Pages: National Academies Press, Washington DC, ISBN 978-0-309-16105-3, 2012.

[94] Renée James, C., *"What has Astronomy done for you Lately?"*, 2012 www.Astronomy.com

[95] Rincón, R., T. Fatoyinbo, B. Osmanoglu, S. K. Lee, C. F. du Toit, M. Perrine, K. J. Ranson, G. Sun, M. Deshpande, J. Beck, D. Lu, and T. Bollian, *"Digital Beamforming Synthetic Aperture Radar"*, IGARSS 2015

[96] Ruzanski, E. and V. Chandrasekar, *"Mitigating the effects of wind turbine clutter on weather radar observations using an observation-based adaptive filter"*, 2nd URSI AT-RASC, Cran Canaria, Jun 2018.

[97] Seybold,J., *"Introduction to RF propagation"* http://twanclik.free.fr/electricity/electronic/pdfdone8/ Introduction.to.RF.Propagation.Wiley.Interscience.Sep.2005.eBook-DDU.pdf

[98] SIA (Satellite Industry Association) www.sia.org/2018_ssir/

[99] Struzak,R. , Terje Tjelta, and José P. Borregol, *"On Radio-Frequency Spectrum Management"*, JTIT, 2016

[100] Stutzman, W. L. and G. A. Thiele, Antenna Theory and Design, John Wiley &Sons, New York, 1981.

[101] Tarongí Bauzà, J. M., *"Radio frequency interference in microwave radiometry: statistical analysis and study of techniques for detection and mitigation"*, Ph.D. Diss. at Universitat Politècnica de Catalunya, 2013

[102] The MITRE Corporation, *"An Introduction to Spectrum Management"*, 2004 - From: www.mitre.org/sites/default/files/pdf/04_0423.pdf

[103] Tilghman, P., *"If DARPA Has Its Way, AI Will Rule the Wireless Spectrum"*, IEEE Spectrum, May 2019.

[104] Ulaby, F., Avery, S, Bazelon, C., Bristow, W., Campbell, D.B., Colton, M., Cruz-Pol, S., Fisk, L., Gasiewski, A., Herd, J., Jones, L., Kolodzy, P., Palmer, R., Paschen, D., Spencer, M., Long, D., *"A Strategy for Active Remote Sensing Amis Increased Demand for Radio Spectrum"*, 229 Pages: National Academies Press, Washington DC, ISBN 978-0-309-37305-0, 2015.

[105] USGS Water Science School, "The Water in You: Water and the Human Body": Retrieved on June 24, 2019 from www.usgs.gov/special-topic/water-science-school/science/water-you-water-and-human-body?qt-science_center_objects=0#qt-science_center_objects

[106] Vogt R. J., T.D. Crum, M.J.B. Sandifer, E.J. Ciardi, R. Guenther, "*A Way Forward; Wind Farm–Weather Radar Coexistence*", NOAA, 2008

[107] Weisbrot D, Lin H, Ye L, Blank M, Goodman R.,"Effects of mobile phone radiation on reproduction and development in *Drosophila melanogaster*. J Cell Biochem 89:48–55, 2003

[108] Werner, Debra. ,"*Small Satellites are at the center of a space industry transformation*", Space News, August 22, 2018

[109] White House, The, "*Presidential Memorandum -- Expanding America's Leadership in Wireless Innovation*" https://obamawhitehouse.archives.gov/the-press-office/2013/06/14/presidential-memorandum-expanding-americas-leadership-wireless-innovatio, June 2013

[110] White House, The, "*Presidential Memorandum: Unleashing the Wireless Broadband Revolution*", https://obamawhitehouse.archives.gov/the-press-office/presidential-memorandum-unleashing-wireless-broadband-revolution , June 28, 2010

[111] White House, The, "*Presidential Memorandum on Developing a Sustainable Spectrum Strategy for America's Future*", June 2010.

[112] White House, The, "*Presidential Memorandum on Developing a Sustainable Spectrum Strategy for America's Future*". October 2018

[113] Yao-Sheng Lu, Bao-Tian Huang, and Yao-Xiong Huang, "*Reactive Oxygen Species Formation and Apoptosis in Human Peripheral Blood Mononuclear Cell Induced by 900MHz Mobile Phone Radiation*" , Oxid Med Cell Longev. 2012.

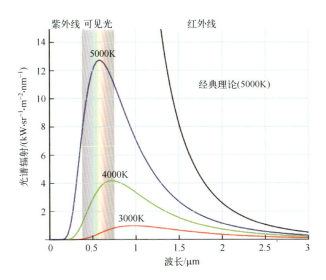

图 3.9　辐射度与物体波长和温度的关系

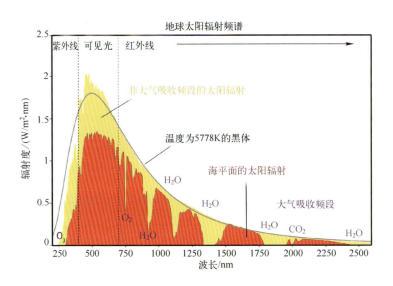

图 3.10　地球大气层顶部（以黄色区域表示）和海平面（红色区域）的直接太阳辐射频谱

彩插 1

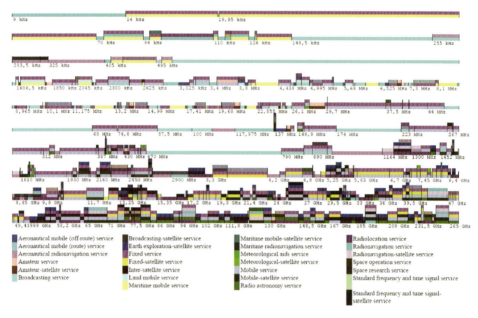

图 7.15 国际电联 1 区的国际频率划分

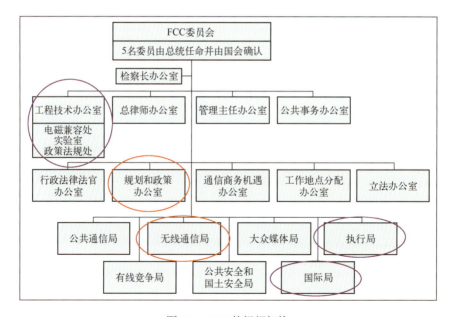

图 8.4 FCC 的组织架构

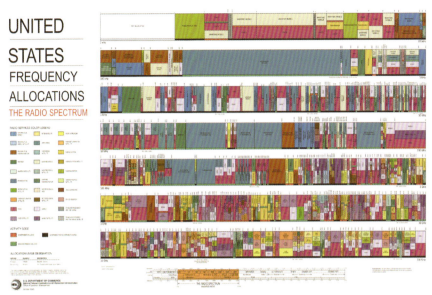

图 8.13 美国频率划分

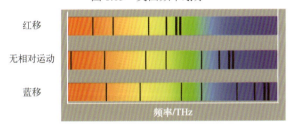

图 10.4 目标和传感器的相对运动引起红移和蓝移

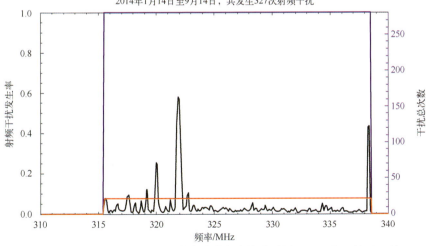

图 10.9 阿雷西博天文台射频干扰发生率与频率关系图（2014 年 1 月至 9 月）

彩插 3

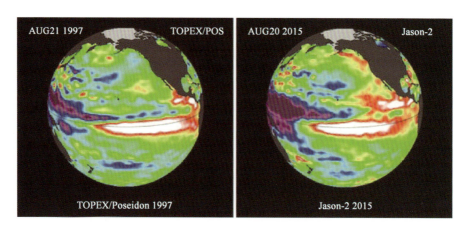

图 11.4 1997 年和 2015 年厄尔尼诺现象的监测图像

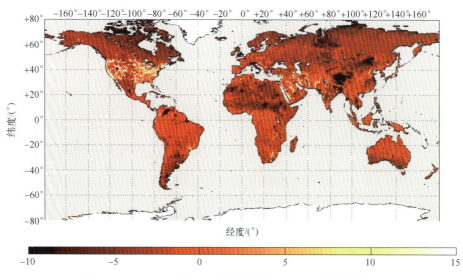

图 11.8 AMSR-E 上的 C 频段辐射计（EESS 无源传感器）测量的土壤湿度

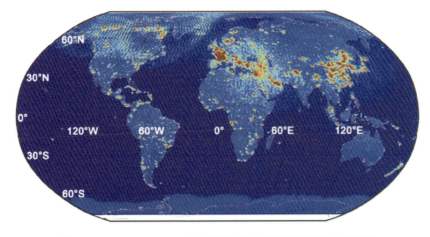

图 11.9　NASA Aquarius 卫星测量的全球海洋盐度和土壤湿度

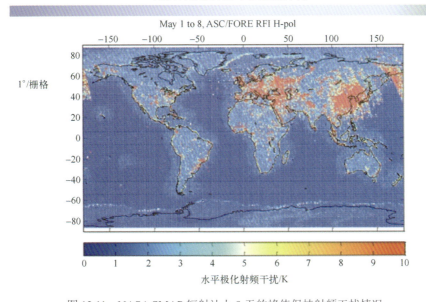

图 12.11　NASA SMAP 辐射计上 9 天的峰值保持射频干扰情况